世界军事电子发展年度报告 2014

主　编　余　洋
副主编　黄　锋　乔　榕　李耐和

国防工业出版社
·北京·

内 容 简 介

本书系统披露了世界主要国家和地区2014年度军事电子领域的重大动向和最新进展，分为年度回顾、战略与政策篇、系统篇、技术篇、工业篇和2014年度大事记六部分。该书可为领导机关决策提供支撑，还可为相关科技人员及时了解国外军事电子发展动向提供全面且技术性较强的参考信息。

图书在版编目(CIP)数据

世界军事电子发展年度报告.2014／余洋主编.—北京：国防工业出版社，2015.3
(国防电子智库)
ISBN 978 – 7 – 118 – 10039 – 6

Ⅰ.①世… Ⅱ.①余… Ⅲ.①军事技术—电子技术—研究报告—世界—2014 Ⅳ.①E919

中国版本图书馆 CIP 数据核字(2015)第 033306 号

※

*国防工业出版社*出版发行
(北京市海淀区紫竹院南路23号　邮政编码100048)
北京嘉恒彩色印刷有限责任公司
新华书店经售

*

开本 710×1000　1/16　印张 17　字数 215 千字
2015 年 3 月第 1 版第 1 次印刷　印数 1—3000 册　定价 198.00 元

(本书如有印装错误，我社负责调换)

国防书店:(010)88540777　　发行邮购:(010)88540776
发行传真:(010)88540755　　发行业务:(010)88540717

编委会

主　任　洪京一
副主任　李新社　王　雁
委　员　余　洋　黄　锋　乔　榕　李耐和　宋　潇　李艳霄

专家委员会

专家委员会主任委员　侯印鸣
专家委员会副主任委员　王积鹏　樊士伟
专家委员会委员　　陆国权　高　岩　赵　捷　焦文海
　　　　　　　　　顾　健　赵　静　何庆国　陈　玲
　　　　　　　　　贾彦增　毛登森　冯　芒　朱　松
　　　　　　　　　周　文　王　浩　康　峰　纪　军
　　　　　　　　　邓大松　王春芬　于　红　王　智
　　　　　　　　　李作虎

编写人员

余　洋	黄　锋	乔　榕	李耐和	宋　潇	李艳霄	崔德勋
宋文文	李　方	孔　勇	唐骑浓	颉　靖	蔡晓辉	黄庆红
张　倩	田素梅	李　爽	苏　仟	王　巍	徐　晨	陈小溪
罗　栋	叶　明	杨京晶	王丁冉	于志诚	敖　娜	李文婷
王丽丽	杨　博	李　展	赵　莹	邵　磊	严丽娜	王润森
潘　蕊	刘惠颖	刘春娜	费　洪	张　豫	张　洁	

PREFACE 前言

21世纪,信息化战争对战场态势感知、反应速度、精确打击、作战空间和时间,以及作战效能均提出了更高要求。为在信息化战争中保持优势,世界主要国家和地区积极发展信息化武器装备,力争使作战要素达到最佳组合,从而赢得战争主动权。

为"紧跟世界新军事革命加速发展的潮流",助力"机械化和信息化建设双重历史任务"的完成,工业和信息化部电子科学技术情报研究所(以下简称电子情报所)组织力量,对世界主要国家和地区的军事和武器装备发展战略进行跟踪研究,梳理和总结军事电子技术与装备发展的最新动向和国防工业能力建设的重大举措,在此基础上编辑出版《世界军事电子发展年度报告2014》。

"世界军事电子发展年度报告"是电子情报所的品牌产品,也是"国防电子智库"系列产品中的拳头产品,自2005年首次推出后,已连续出版10次。此版内容更加详实,系统披露了世界主要国家和地区2014年度军事电子领域的重大动向和最新进展,对读者全面、深入地了解军事电子领域的发展态势具有重要的参考价值。同时,亦可为各级领导机关决策提供有力的信息支撑。

本报告在研究撰写过程中,得到了诸多领导和业内专家的支持和悉心指导,在此深表谢意。由于时间和能力有限,疏漏或不妥之处恳请批评指正。

工业和信息化部电子科学技术情报研究所
2014年12月

CONTENTS 目 录

>> 年度回顾

一、各国规划赛博空间攻防技术及部队建设,努力增强赛博空间行动能力……………………………………………………………… 4

二、空间信息系统仍是发展重点,天基预警侦察、通信、导航能力进一步提高……………………………………………………… 5

三、空海信息系统发展受到普遍重视,主要国家空海监视通信能力全面提升………………………………………………………… 6

四、研制与升级、改造并举,努力提高信息装备的作战能力……… 7

五、新技术不断涌现,对军事电子装备产生变革性影响 ………… 8

六、美、欧加强微纳电子工业基础,支撑军事电子工业发展……… 9

七、美、俄、日加强能力建设,提升国防电子工业的科研生产能力和市场竞争力………………………………………………………… 10

>> 战略与政策篇

一、美国:明确未来发展方向,维持优势地位 ………………… 15

(一)白宫科学技术政策办公室发布《材料基因组计划战略规划》(草案),明确新材料发展方向 …………………………………… 15

(二)国家标准与技术研究院发布《改善关键基础设施赛博安全框架》(1.0版),提高国家关键基础设施的赛博安全 ………………… 17

(三)参联会发布《联合介入作战概念》,确定未来联合部队有效实施介入的21项能力………………………………………………… 18

（四）空军发布科技发展战略文件，确保优势能力建设 ………… 20
　　（五）国防部发布2014年版《四年防务评审》报告，强调联合部队的再平衡能力 …………………………………………………………… 21
　　（六）国防部发布《国防工业基础评估》，有效指导国防工业政策制定 ……………………………………………………………………… 24
　二、俄罗斯：积极应对西方制裁，鼓励自主创新和进口替代 ……… 25
　　（一）加快自主研发，以解决军工企业进口替代问题 …………… 26
　　（二）采取多种形式，为国防企业提供资金支持 ………………… 27
　　（三）修订法令法规，扶持和保障国防工业的发展 ……………… 28
　三、欧盟：制定和实施科技战略计划，夯实国家发展基础 ………… 28
　四、日本：制定战略性指导文件，加快防卫力量建设步伐 ………… 30
　　（一）政府通过三大纲领性防卫文件，推行新的防卫安全政策 … 30
　　（二）防卫省发布《防卫生产和技术基础战略》，规划部署国防工业发展 ……………………………………………………………………… 32
　　（三）国会正式颁布《赛博安全基本法》，全面推进赛博安全政策实施 ………………………………………………………………………… 33

>> 系统篇

　一、指挥控制系统 ……………………………………………………… 39
　　（一）美国指挥控制系统功能逐步完善 …………………………… 39
　　（二）日本将"出云"号改造为新水陆机动团指挥舰 …………… 44
　　（三）美国无人系统自主控制能力得到增强 ……………………… 45
　二、通信系统 …………………………………………………………… 46
　　（一）大力发展卫星通信系统，提高卫星通信能力 ……………… 46
　　（二）稳步推进国防信息基础设施建设，提升服务能力 ………… 51
　　（三）加速战术通信系统发展，加强态势感知能力 ……………… 55
　　（四）升级机载通信系统，增强隐身战机之间通信能力 ………… 60

三、预警探测系统 ………………………………………… 62
（一）美国继续推进多层预警探测系统建设 ……………… 62
（二）俄罗斯重点发展新一代天基导弹预警系统与地面监视系统 …… 66
（三）主要军事国家加快预警机的研制与部署 …………… 69
四、情报侦察系统 ………………………………………… 70
（一）美、日、意推进天基侦察系统发展，提高对地观测能力 …… 71
（二）各国加快以无人机为主体的空基侦察装备发展，提高态势感知能力 ………………………………………… 74
（三）美、印发展海上侦察装备，提升海上侦察监视能力 …… 76
五、电子战系统 …………………………………………… 78
（一）美国频发电子战作战指令，用以指导新体系下的电子作战 …… 79
（二）美、俄重点发展空海电子战系统，取得多项进展 …… 81
（三）美国定向能武器快速发展，取得关键突破 …………… 85
六、导航定位装备 ………………………………………… 87
（一）主要国家和地区竞相发展卫星导航系统 …………… 87
（二）美、韩启动增强型地面无线电导航系统的部署 …… 94
（三）美国的惯性导航系统向微型化、高精度发展 ……… 96

>> 技术篇

一、雷达技术 …………………………………………… 101
（一）有源相控阵雷达技术向多功能、低成本方向发展 … 101
（二）雷达新技术开发取得重大进展和突破 ……………… 104
二、通信技术 …………………………………………… 108
（一）卫星通信技术取得新进展，为宽带卫星通信铺平道路 … 109
（二）发展无线通信技术，提高信息无线传输能力 ……… 110
（三）开发水下网络通信技术，满足军用通信能力要求 … 114

IX

三、军用计算机技术 …………………………………… 115
（一）超级计算机快速发展，推进战略技术创新 ………… 116
（二）量子计算机基础技术取得多项突破，为实现量子计算铺平道路 …………………………………………………… 118
（三）平台专用计算机升级，提升武器装备性能 ………… 122
（四）可穿戴式计算机与态势感知有机融合，增强单兵态势感知与特种作战能力 ………………………………………… 123

四、军用软件技术 …………………………………… 124
（一）软件开发技术不断创新，以提升军用软件的安全和可靠性 … 125
（二）软件技术成为研发重点，促进大型武器跨越式发展 … 126
（三）软件应用趋于多样化，用以解决多方面的难题 ……… 127
（四）对军用信息系统建设进行评估，软件研发管理仍存在诸多问题 …………………………………………………… 130

五、隐身与反隐身技术 …………………………… 131
（一）雷达隐身与反隐身技术应用范围不断扩展 ………… 131
（二）红外隐身与反隐身技术发展取得新进展 …………… 136

六、赛博技术 …………………………………………… 138
（一）攻击技术注重打造对全球赛博空间的全面监控与攻击能力 … 139
（二）防御技术强化了对恶意人员的检测与防御能力 …… 142
（三）测评技术有效提升了对攻击环境和系统安全的模拟与测评能力 …………………………………………………… 147

七、微纳电子技术 …………………………………… 149
（一）开发前沿技术成为保持技术优势的一种有效手段 … 150
（二）微处理器继续向小型化、高性能方向发展 ………… 155
（三）日、韩等国在存储器领域继续保持技术优势 ……… 158
（四）现场可编程门阵列尺寸继续减小，性能不断提高 … 159
（五）硅和锗硅射频器件工作频率和功率进一步提高 …… 160
（六）第二代化合物器件领域新产品不断问世 …………… 162

（七）碳化硅器件技术应用领域持续扩大 …………… 164
（八）氮化镓器件的产品性能大幅提升 ……………… 166
（九）太赫兹器件的工作频率已超过1THz …………… 171
八、光电子技术 …………………………………………… 171
（一）新型套装光束、高重频和太赫兹激光器向远行程、大功率、高频率和实用化方向发展 …………………………………… 172
（二）新材料探测器进入研发初期，超/多光谱传感器、红外传感器已部署于军用平台 ……………………………………… 174
（三）柔性石墨烯显示器问世，可穿戴平视显示器进入测试认证阶段，将增强战士的作战能力 ………………………………… 179
（四）新型二维材料制备出光电器件，光电异质集成项目取得新突破 ………………………………………………………… 182
九、电源技术 ……………………………………………… 184
（一）锂离子电池广泛用于远程传感器、国际空间站和鱼雷，长寿命、大容量高密度锂离子电池业已问世 …………………… 184
（二）各种材料的太阳能电池转换效率继续攀升，薄膜太阳能电池部署无人机延长续航能力 ……………………………… 188
（三）新型燃料电池向高容量、高可靠和环保方向进展，氢燃料电池装备航天器、无人水下航行器和地面电子设备 ………… 192
十、电子元件与机电组件技术 …………………………… 196
（一）电子元件和机电组件的导电性、尺寸和功耗不断得以改进 …… 196
（二）采用新材料的超级电容器在储能领域具有良好的应用前景 ………………………………………………………… 198
十一、电子材料技术 ……………………………………… 199
（一）利用锗硅材料作为沟道的工艺取得进展 ……………… 199
（二）氮化镓材料成为各国的研究重点 ……………………… 201
（三）石墨烯材料进入快速发展期 …………………………… 203
（四）碳化硅材料推动器件向高性能、低成本发展 ………… 205

XI

（五）二维电子器件材料等新型材料开辟了电子材料的新领域 …… 206
十二、微机电系统技术 …………………………………………… 208
（一）各项基础研究不断加强，推动MEMS器件技术快速发展 …… 208
（二）MEMS器件持续发展，加快其在惯性导航领域的应用 …… 210
（三）MEMS新产品相继问世，带动MEMS产业的发展 ……… 212

>> 工业篇

一、工业管理 …………………………………………………… 218
（一）俄罗斯调整国防工业管理机构，强化对国防工业发展的整体协调 …………………………………………………………… 218
（二）欧盟发布微/纳电子工业发展战略路线图及实施计划，意在赶超美国 ………………………………………………………… 219
（三）日本首次出台防卫产业发展战略，明确武器装备的未来发展方向 …………………………………………………………… 221
（四）印度精简国防产品生产许可清单，为促进国防产品的出口创造条件 ………………………………………………………… 222
二、国防预算 …………………………………………………… 222
（一）美国军事电子研发及采购预算保持稳定 ……………… 223
（二）日本2015财年预算将重点保障C^4ISR能力发展 …… 226
三、核心能力建设 ……………………………………………… 227
（一）美国组建多家制造创新机构 …………………………… 227
（二）美、日等国积极研制增材制造技术与设备 …………… 228
（三）俄、印、澳等国升级改造科研生产设施 ……………… 230
（四）美、澳借助国防企业与大学力量提升研发能力 ……… 231
四、企业重组并购与合作 ……………………………………… 232
（一）雷神、L-3通信公司等多家军工企业积极调整内部业务优化效率 ………………………………………………………… 232

（二）大数据、云计算、赛博安全和电子战等领域的并购活动十分活跃 233

（三）军工企业通过开展跨国业务合作谋求更大的发展空间 235

（四）俄罗斯继续通过防务企业重组并购活动整合国防工业 236

五、市场预测 237

（一）全球 C^4ISR 市场仍将保持增长，对综合方案和互操作能力的持续性需求将继续推动这一市场发展 237

（二）全球电子战市场将持续增长，多因素导致各国积极投资电子战系统与技术研发 238

（三）全球军用雷达市场将平稳增长，技术发展和军事需求将共同推动这一市场发展 239

（四）全球光电系统市场增速放缓，现有系统的升级和持续采购将成为市场发展的主要驱动力 239

六、行业监管 240

（一）美国政府问责署指出其国防信息技术采办仍存在"拖、降、涨"问题 240

（二）印度对国防创新效果进行评估后认为国防创新效果整体不佳 241

七、国际合作 241

（一）美国积极推动国际合作以共担研发成本和扩展国际市场 242

（二）俄罗斯积极拓展新的国际合作伙伴以应对西方制裁 243

（三）日本强化与美国及其盟国间的国防合作 243

（四）印度积极拓展基于联合技术开发的国防工业合作 244

2014年度大事记 245

参考文献 254

年度回顾

一、各国规划赛博空间攻防技术及部队建设,努力增强赛博空间行动能力

二、空间信息系统仍是发展重点,天基预警侦察、通信、导航能力进一步提高

三、空海信息系统发展受到普遍重视,主要国家空海监视通信能力全面提升

四、研制与升级、改造并举,努力提高信息装备的作战能力

五、新技术不断涌现,对军事电子装备产生变革性影响

六、美、欧加强微纳电子工业基础,支撑军事电子工业发展

七、美、俄、日加强能力建设,提升国防电子工业的科研生产能力和市场竞争力

年度回顾

2014年，世界经济保持低速增长，局部地区动荡加剧，国际间军事竞争日趋激烈。主要军事大国和地区不断提出新的战略性文件，指导军事装备、技术和国防工业发展，谋求未来军事优势。

面对紧缩的预算环境，美国积极寻求在预算削减和能力建设之间实现"再平衡"。美国国防部发布2014年版《四年防务评审》报告，强调通过全谱作战行动再平衡、全球战略部署再平衡、联合部队能力再平衡为未来做好准备，并强调通过赛博、导弹防御、太空、空中与海上等能力域能力的提高，使美军具有较高的战备水平。美参联会发布的《联合介入作战概念》，明确提出未来联合部队要在指挥控制、情报等方面具备有效实施介入的21项能力。美国国防部发布的新版《电子战政策》指令，则强调电子战与其他作战行动的联合。日本政府先后发布《国家安全保障战略》《防卫计划大纲》《2014—2018年中期防卫力量整备计划》等重要文件，提出要加强防卫力量建设，深化日、美军事同盟，增强与韩国、澳大利亚、印度和东盟等国家和组织的合作关系。《国家安全保障战略》重申了"防卫装备转移三原则"，力图推进日本武器出口，扶植日本国防工业发展。新版《防卫计划大纲》倡导建立强大的情报、预警和监视网络。《2014—2018年中期防卫力量整备计划》强化空海作战能力。欧盟发布《微/纳电子器件和系统战略》，旨在扭转微/纳电子产业发展颓势，谋求在微/纳电子的三个重大领域获得优势。

在各国战略性文件的指导下，赛博空间能力建设继续向前推进，空间信息系统、空中与海上信息系统、导弹防御系统成为主要军事大国的发展重点。各国通过升级改造现有信息系统与研制新一代信息装备相结合，运用综合集成技术，提升信息化装备的体系对抗能力。

2014年，新的信息技术发展依然十分活跃。一批新技术的发展将对未来军事电子装备的发展产生重大影响。美国总统奥巴马在发表《2014年国情咨文》时表示，"美国还将继续组建制造创新机构"，丰富"制造创新国家网络"。印度国防分析研究所发布名为《印度的国防创新——断层线》报告，分析了印度影响国防创新能力的5大问题，试图提升印度国防创新能力。在各国技术创新的推动下,2014年,微尺度增材制造技术、类脑芯片技术、二维电子材料器件等下一代器件技术,瞬态电子器件技术、激光卫星通信技术等新技术取得了突破性进展,将对军事电子装备的发展产生重大影响。

为促进军事电子工业的发展,主要军事大国采取多种措施,以加强军事电子工业能力建设。

盘点2014年军事电子装备、技术和工业的发展,以下几点值得关注。

一、各国规划赛博空间攻防技术及部队建设,努力增强赛博空间行动能力

2014年,各国积极规划赛博空间攻防发展,增强赛博空间行动能力。

美国从国家、军队和军种三个层面对赛博空间攻防能力建设进行了规划。2014年2月,美国国家标准与技术研究院(NIST)发布《改善关键基础设施赛博安全框架》。该框架强调利用业务驱动指导金融、能源、医疗等关键基础设施赛博安全行动,提出一系列行业标准,以形成可靠的赛博安全环境。美国参联会正式对外发布的《赛博空间行动》联合条令从作战角度,为联合赛博空间行动规划、准备和评估提供了条令保障。美国陆军发布的名为《战场手册3-38:赛博电磁作战》的赛博空间作战条令,为陆军提出了赛博电磁作战的总体原则、策略和流程。美国空军发布的有关《网络空间作战指挥与控制》的10-1701指令,则完善了空军网络命令类型和流程,规定了各个作战单位的具体职责。

英国内阁办公室于2013年12月发布《国家赛博安全战略目标的进展》和《我们的未来计划——英国赛博安全战略进展》,总结了两年来的战略实施情况,认为英国基本实现了2011年《英国赛博安全战略》

所确定的目标,在打击赛博犯罪、促进经济增长、保护赛博空间利益等方面取得了很好的效果,并确定了2014年赛博安全领域的工作重点。

日本于3月正式成立由90个人组成的"赛博空间防卫部队"。该赛博空间防卫部队包括陆上、海上、航空自卫队的队员,主要负责监视防卫省/自卫队网络,在遭受网络攻击时予以应对。

巴基斯坦于4月发布《2014年国家网络安全委员会法案》,旨在建立一个国家网络安全委员会,明确职能和权力,制定和起草政策、准则,建立网络安全管理模式。

二、空间信息系统仍是发展重点,天基预警侦察、通信、导航能力进一步提高

2014年,空间信息系统仍是各国发展重点,主要军事大国天基预警侦察、通信、导航能力均有不同程度的提升。在预警侦察方面,美国第二颗天基红外地球同步轨道卫星正式投入运行,2颗空间监视卫星发射升空,增强了美军的导弹预警和空间目标监视能力。美国国家侦察局成功发射1颗雷达成像卫星,谷歌数字地球公司发射1颗可用于军用的高分辨率对地观测卫星,提高了美军对地观测能力。日本成功发射1颗合成孔径雷达成像卫星,提高了其海洋监视能力。在通信方面,美国航空航天司令部成功发射第二颗数据跟踪通信卫星——TDRS-L。该星座由3颗星组成。最后一颗卫星TDRS-M计划于2015年发射。该星座的建成将增强美军将侦察卫星数据下传到地面的能力。导航方面,美国GPS现代化计划继续推进,又有4颗GPS ⅡF卫星入轨运行,使得目前在轨的GPS Ⅱ卫星数量达到35颗。俄罗斯发射2颗GLONASS-M卫星,提高了导航定位精度,并使其在轨卫星数量达到30颗,实现了全球覆盖。欧洲"伽利略"卫星导航系统完成了在轨验证任务,首批2颗全面作战能力"伽利略"卫星发射升空,但未达到预定轨道。印度发射第二颗区域导航卫星,并计划在2015年完成由

7颗卫星组成的区域导航卫星系统的部署，以实现对南亚和印度洋地区的导航覆盖。

三、空海信息系统发展受到普遍重视，主要国家空海监视通信能力全面提升

2014年，主要军事大国都十分重视空海信息装备发展，提升空海预警侦察通信能力。

在空海一体化作战概念的指导下，美国海军正在建设下一代企业网。它将把海军和海军陆战队在全球2500个主要基地连接起来，为80多万用户提供IP服务。同时，美国海军正在实施综合海上网络与企业服务（CANES）计划，开发一体化舰载网，以提高舰队之间的互操作能力。目前，CANES系统已列装9艘驱逐舰，最终目标是将列装180艘水面舰艇。美国空军正在发展机载网。F-35通过装备"多功能高级数据链"能够在不影响其隐身性能的情况下实现彼此间通信。2014年，空军开始实施"密苏里"项目，促进F-22和F-35之间通信问题的解决，并验证五代机与四代机之间的通信能力。在预警侦察方面，美国E-2D预警机已通过航空母舰起降试验，提高了航母战斗群的预警能力。美国海军首架MQ-4C"海神"高空长航时无人机飞抵海军航空站，它将与P-8A和P-3C海上巡逻机搭配执行海上巡逻任务，提升了反潜能力。日本航空自卫队4架E-2C预警机已调往那霸基地，以加强对冲绳群岛南部岛屿的监控。2015财年，日本海上自卫队申请10亿日元用于采购雷达、红外探测器，以提升反潜巡逻机的侦察能力，还申请了59亿日元用于舰载雷达的研发。印度海军的一个先进的超低频发射台正式服役。这种超低频通信系统能与潜航在深海的核潜艇进行通信，从而使印度成为具备先进超低频通信能力的极少数国家之一。印度海军还从美国波音公司接收了4架P-8I反潜巡逻机，以进一步提高反潜侦察能力。

四、研制与升级、改造并举，努力提高信息装备的作战能力

2014年，各国升级与新研并举，推动军事电子装备发展。

在指挥控制系统发展方面，美国国防信息系统局（DISA）采用自适应规划执行软件和先进的服务器对联合全球指挥控制系统进行现代化改进，使其从过去只有分散的规划能力转变为具有互操作的协同规划能力，从而能迅速提供灵活的作战计划。美国陆军已完成联合对地攻击巡航导弹防御系统与北美防空司令部指控制系统的集成测试，使美国防空系统具有更强的巡航导弹探测及防御能力。

在通信与国防信息基础设施发展方面，DISA发布《国防信息系统局2014—2019年战略计划》，提出将运用9项关键新技术，在未来5年建成一个一体化、安全的联合信息环境（将国防部IT设备、通信、计算和全局服务优化集成到一个平台），为美军在全球范围内的军事行动提供无缝的信息服务。俄罗斯国防部新闻管理局2013年11月宣布，到2020年，俄战略导弹部队将全部装备更换为现代化的数字通信装备。俄战略导弹部队自2013年起就开始为阵地的导弹师列装新型数字信息传输系统，更新卫星通信站、短波和超短波通信设备，为作战人员提供高质量服务。

在电子战装备发展方面，美国海军陆战队与诺斯罗普·格鲁曼（简称诺·格）等公司联合进行了"捕食者"－B、MQ－9"死神"无人机对防空系统电子攻击的演示试验。演示中，这两架无人机装备了诺·格公司研发的"潘多拉"电子战系统，对防空系统的多节点进行了电子攻击，并试验了无人机与EA－6B电子战飞机进行联合电子攻击的能力。美国海军正式启动下一代电子战装备的发展，并提出要发展毫米波电子战系统。

在导航装备研制方面，为避免对卫星导航系统过度依赖带来的风

险,美国和韩国发展"罗兰"等地面无线导航系统,并将其作为卫星导航系统的备用系统。同时,美国重点发展微型惯性导航系统,以用于武器系统的制导与导航。

五、新技术不断涌现,对军事电子装备产生变革性影响

2014年,新技术不断涌现,许多新的信息技术取得重大突破性进展,其中最引人注目的是微观尺度增材制造技术、类脑计算芯片、光电异质集成技术、激光通信技术等。这些技术的发展将对未来军事电子装备发展产生重大影响。

微观尺度增材制造技术开发方面取得重大进展。5月,美国哈佛大学采用微尺度增材制造技术,成功打印出由多种材料构成的结构;9月,澳大利亚墨尔本理工大学发布世界首台纳米级3D快速打印机,其打印的微纳结构的尺寸仅相当于人类头发粗细。

类脑计算芯片研究取得重大进展。8月,美国IBM公司在美国国防先期研究计划局(DARPA)"神经形态自适应可塑电子系统"项目的支持下,采用28nm硅工艺研制出第二代类脑计算芯片,将神经元和突触数量分别由2011年第一代类脑芯片的256个和数万个提升至100万个和2.56亿个,获得类脑计算芯片领域的又一重大突破。类脑芯片有望使计算机在2020年达到人类大脑认知水平,并解决海量数据处理问题。它是对冯·诺依曼计算体系的补充,并将为科学、技术、商业以及社会带来巨大变革。

光电异质集成取得新进展。9月,在DARPA的"光电异质集成"项目的支持下,加利福尼亚州大学圣芭芭拉分校成功在硅衬底上制造出硅基激光源。这一光电异质集成技术的突破,为研制多功能先进光集成电路铺平了道路。

激光卫星通信技术开发取得新进展。6月,美国航空航天局宣布,

国际空间站上激光通信载荷把一段高清视频从空间站传回到地面,该试验最终将展示地球和高空卫星间的长时间激光通信能力。

六、美、欧加强微纳电子工业基础,支撑军事电子工业发展

美、欧继续加强微纳电子工业基础,支撑军事电子装备发展。美国正在通过微电子的基础研究来增强微纳电子工业的发展后劲。2014年7月,美国IBM公司宣布将在未来5年投入30亿美元开展两项有关"后硅时代半导体技术发展"的研究项目,以实现器件结构、生产工艺、材料和技术等的全面创新,满足未来云计算和大数据系统的发展需求。第一个项目将研究"7nm及之后"的硅技术,解决特征尺寸继续缩小中出现的技术挑战。第二个项目将研究可替代硅的新器件技术,包括Ⅲ-Ⅴ族材料、硅光技术、碳纳米管技术、石墨烯技术等新型芯片材料和电路架构。8月,美国国家科学基金会与美国加里福尼亚大学签署价值170万美元的"二维原子层研究和工程"项目研发合同,用于分析和合成二维新型超薄膜材料,以改进电子器件、光电器件和能量转换系统的性能。2月,为阻止伪冒电子元器件在美国国防供应链中的急剧蔓延,DARPA启动"电子防御用供应链硬件集成",寻求在不损坏电子元器件的情况下,对受保护电子元器件可信度进行认证的技术。这些微纳电子技术基础性研究无疑将有助于美国微纳电子工业基础优势的提升。

为提升欧洲微纳电子工业的竞争能力,欧洲电子产业领导人小组于2月制定了《欧洲微/纳电子元器件与系统工业战略路线图》,明确了2020年前欧盟微/纳电子产业的发展目标与实现路径,以此推进欧盟微/纳电子产业发展。该路线图指出,2020年前,欧盟将利用100亿欧元的公共—私人投资,带动工业界1000亿欧元的资金投入,通过聚焦汽车、工业自动化、国防与安全三大市场,采取五项行动,投资具有影响

力的关键技术,力争在2020年前将欧洲半导体产值的世界占比提高一倍,即由现在的9%提升为2020年的18%,年产值由270亿美元增长为720亿美元。欧盟微/纳微/纳电子元器件与系统工业战略路线图的推出,将推动欧盟微/纳电子产业的发展,从而为军事电子工业的发展提供有力的支撑。

七、美、俄、日加强能力建设,提升国防电子工业的科研生产能力和市场竞争力

2014年,美国、俄罗斯和日本等国均采用不同措施,来加强军事电子工业能力建设。美国从多个方面增强军事电子工业的科研和制造能力。在预算上,在2015财年国防预算比2014财年略有减少的情况下,C^4I系统预算反而略有上升(由2014财年的62亿美元增长到2015财年的66亿美元);在科研方面,美国国防部于4月宣布,计划在未来5年通过多学科大学研究计划向学术机构提供1.67亿美元的资金,资助24个对国防部及各军种至关重要的领域开展跨学科基础研究。这些领域涉及电子的主要包括新型功能材料、数学与信息的计算基础、纳米级设备、光伏能量聚集机制、双向计算在视觉场景分析中的应用、材料的原子和电子结构探索、光计算等。在制造方面,为增强美国制造商的全球竞争优势,由能源部牵头的下一代功率电子制造创新机构、由国防部牵头的数字化制造与设计创新机构于2014年进入运营状态。其中,下一代功率电子制造创新机构共有25个成员单位(18家公司和7家大学及研究机构),主要致力于高功率电子芯片研究。数字化制造与设计创新机构有73家单位参与,主要致力于数字化设计与测试能力的提升。此外,国防部牵头的集成电子制造机构于10月宣布成立,主要致力于集成光子系统在制造业中的应用。

俄罗斯政府则通过增加投资和重建大企业来增强军事电子工业的生产能力和竞争力。在增强生产能力方面,俄罗斯国防、电子和雷达领

域国有控股集团俄罗斯电子公司宣布,将投资155.7亿卢布(约4.4亿美元)用于俄罗斯电子公司的工业现代化能力的提升,其中包括俄罗斯政府提供的42.5亿卢布(约1.2亿美元),将用于防空导弹系统和电子战系统用的真空微波电子器件研制,以及固态微波电子器件生产设备的升级。在增强竞争力方面,俄罗斯决定组建大型军工电子企业集团,将在"金刚石—安泰"康采恩的基础上组建新的空天防御系统研制康采恩,还将组建新的"指挥、通信和侦察系统"康采恩。"战略空天防御系统"康采恩将整合空天防御系统、情报系统和火力配系系统的企业。"指挥、通信和侦察系统"康采恩将成为一个专门从事指挥自动化、通信和侦察系统研制的大型国防工业集团。

日本政府则采取多种措施来提高国防工业的能力。日本防卫省发布的《防卫生产与技术基础战略》提出,要通过推进国防工业体制改革,加强政府部门间的协作、促进采办制度改革、促进国际联合开发与生产、借助民用技术与市场、促进出口等多种举措,来提升日本国防工业的能力。在推进国防工业体制改革方面,将借鉴国外国防企业兼并重组经验,推动日本企业间的合作。在采办制度改革方面,提出要确保采办的竞争性与透明性。该《战略》对陆上装备、军需品、舰船、飞机、弹药、制导武器、C^4I系统、无人系统、赛博/太空系统的国防工业基础进行了评估,并提出了这些武器装备的未来发展方向。在C^4I系统领域,《战略》指出,日本多家企业具备C^4I系统研发生产能力。目前,日本在双波段红外传感器、高功率半导体、雷达和传感器元器件等领域具备较高水平。未来,日本将重点发展预警雷达、声纳、一体化指控系统,同时将利用民用先进技术来发展C^4I装备。

回顾2014年军事电子的发展,世界主要国家积极推进军事电子装备的一体化发展,并在新的信息技术开发方面取得了一系列新的进展与突破。预计2015年,赛博空间、空间信息系统、空海信息系统仍是各国发展重点。先进制造技术、微纳电子技术、光电子技术等新技术开发仍将取得重大进展,并将对未来军事电子装备的发展产生重大影响。

# 战略与政策篇

一、美国：明确未来发展方向，维持优势地位

二、俄罗斯：积极应对西方制裁，鼓励自主创新和进口替代

三、欧盟：制定和实施科技战略计划，夯实国家发展基础

四、日本：制定战略性指导文件，加快防卫力量建设步伐

摘　要　2014年,在世界主要军事大国预算削减的大环境下,美国积极寻求在预算削减和能力建设之间实现"再平衡",发布多个战略性文件,推动军事电子工业能力建设;欧盟制定和实施科技战略计划,夯实国家基础;日本同时出台三大安保政策文件,试图通过实施体制改革、增强国际合作、加强先进技术研发等措施,加快其防卫力量建设步伐。

关键词　战略政策;规划;优势地位;能力发展

一、美国:明确未来发展方向,维持优势地位

2014年,受到预算紧缩的影响,以及全球战略部署的逐步推进,美国积极寻求在预算削减和能力建设之间实现"再平衡",发布多个战略性文件,推动在材料科学、赛博攻击、精确打击、情报、监视与侦察领域的能力建设,力图通过强化与盟友、合作伙伴之间的协作,保护重点领域的能力建设,维护国家利益,实现国家战略目标。

(一) 白宫科学技术政策办公室发布《材料基因组计划战略规划》(草案),明确新材料发展方向

6月20日,美国白宫科学技术政策办公室发布《材料基因组计划(MGI)战略规划》(草案)(以下简称《MGI 战略规划》),意图通过加强产学研合作,推动材料科学、实验工具和技术的研发与改进,加快先进材料的发现、部署和利用的速度,降低材料研发成本。

1. 提出实现"材料基因组计划"需解决的4个难题

这4个难题分别是:改变材料研究领域的团队合作方式,打破工业界和学术界间的协作障碍;对先进建模工具、数据工具和试验工具进行无缝集成,并为材料研究团体提供先进的工具和技术;将试验数据和计算数据相结合,形成可检索的材料数据平台;建设世界级的材料研究人才队伍。

2. 明确实现"材料基因组计划"的4大目标

针对上述难题,《MGI战略规划》提出实现"材料基因组计划"的4大目标,分别是：

（1）转变材料团队的协作研发方式，以及材料的制造和使用的商业方式，减少材料从发现到应用的时间和成本，实现在材料理论、材料表征/合成/加工、计算仿真三方面的无缝集成，将基础科学知识与工具的进步转移至工程实践与应用中去，增强政府、工业界和学术界的协同能力，加快与国际合作伙伴在材料科学和技术领域的合作步伐。

（2）将用于基础科研的工具、理论、模型和数据与材料加工、制造和部署相结合，建立MGI资源网络，充分利用材料研究骨干力量，扩展材料研究与工程团队可用的材料研究及工程领域现有的理论、建模和仿真工具，改善从材料发现到材料研制的实验工具，提升对材料结构的实验和仿真能力，发展数据分析技术，提高试验数据和计算数据的价值，拓展和加速新材料的发现和材料新功能的预测。

（3）建立易于访问的材料平台，包括可发现、访问和使用材料科学与工程数据的软件、硬件和数据标准，为学术界和工业界获取有用的材料数据提供便利。

（4）培养下一代材料科学骨干人才。

3. 明确了"材料基因组计划"可能适用的9类材料

《MGI战略规划》将2013年学术界、国家实验室、工业界和国际机构选定的9类材料纳入其中，并对这9类材料未来采用MGI方法获得的效果进行了预测。这9类材料包括生物材料、催化剂、高分子聚合材料、耦合材料、电子和光学材料、能量存储体系、轻质和结构材料、光电材料和高分子材料。

《MGI战略规划》认为，如果该计划得以顺利实施，各项目标能够如期实现，将对轻型防御系统和车辆、先进的能源材料、用于涡轮发动机的复合材料、武器装备和系统的寿命周期预测、电子、储能等方面有着重要意义，将进一步推动清洁能源系统和基础设施等领域的发展和进步。

（二）国家标准与技术研究院发布《改善关键基础设施赛博安全框架》(1.0版)，提高国家关键基础设施的赛博安全

2月12日，国际标准与技术研究院(NIST)根据2013年2月奥巴马签署的13636号行政指令——《改善关键基础设施赛博安全》的要求，发布了《改善关键基础设施赛博安全框架》(1.0版)(以下简称《框架》)。该《框架》是对NIST 2013年10月发布的《初步赛博安全框架》的修订，供企业在自愿基础上使用，旨在提高电力、石油、电信、运输、金融等国家关键基础设施的赛博安全。

1. 提出框架组成的三大部分

《框架》采用了基于风险的方法处理赛博安全风险，由框架核心、框架实施层级和框架配置文件3部分组成。一是框架核心。包括功能、类别、子类别和信息参考资料4项内容，为各机构制定安全框架提供详细的指导。其中，功能项包括识别、保护、检测、响应和恢复5个核心要素，旨在帮助关键基础设施管理机构开展赛博安全风险管理、组织信息分析和风险管理决策；类别项是功能项的细分，包括资产管理、访问控制和过程检测；子类别项是类别项细分，包含了具体成果的集合；信息参考资料是为政府和机构制定标准提供依据的。二是框架实施层级。《框架》为基础设施管理机构提供了4个代表风险管理实践程度的层级。层级的选择需要考虑机构当前风险管理做法、威胁环境、法律和监管规定、任务目标和组织约束等因素，以确保相关机构所选择的层级切实可行。三是框架配置文件。《框架》配置文件结合不同机构的业务需求、风险承受能力和资源水平，描述了关键基础设施机构进行赛博安全风险管理的当前状态和目标状态，帮助机构减小配置文件与目标文件的差距，以实现风险管理和成本效益目标。

2. 明确框架的使用领域

企业和机构可在自愿基础上灵活执行该框架，以识别、评估和应对赛博安全风险。该框架既可作为现有赛博安全活动的补充，也可作为

新赛博安全计划的基础。其主要使用领域包括：用于赛博安全活动的基础审查，建立或改善赛博安全计划，与负责基础设施服务的利益相关者确定赛博安全需求，推动制定新的或改进标准、指南等参考性文件，保护隐私权和公民自由。

3. 列出识别、评估和管理赛博安全风险的 5 项措施

《框架》列出以下 5 项改进措施，帮助关键基础设施管理机构更好地识别、评估和管理赛博安全风险。一是完善风险评估机制，整合关键基础设施机构赛博安全评估报告，共享标准化信息和简化法律制度，帮助各机构对赛博安全事件进行基础性评估，降低赛博安全风险，保障私营企业自愿提交的信息获得最大程度的法律保护。二是建立赛博安全计划，包括制定优先级和范围、确定实施方案、创建当前配置文件、管理风险评估、创建目标配置文件、确定及分析和优先处理差距、实施行动计划等措施。三是积极推进公私合作和信息共享机制，包括：强化国土安全部职责，推进赛博安全信息共享；联合国家情报机构出台相关方针；与司法部门合作建立针对特定目标赛博威胁的快速通报机制；与国防部配合，将"增强赛博安全服务"计划推广至全部关键基础设施管理机构等。四是采用灵活的信息安全参考标准，如 CCS CSC、COBIT、ISO/IEC 27001、NIST SP800－53 等标准，通过参考全球化赛博安全风险管理标准，灵活发展相关技术和业务，推动信息安全防护产品和服务的发展，以满足不断变化的市场需求。五是强调保护隐私和公民自由原则，包括网络安全风险管理，识别和授权个人访问机构资产及系统权限，认知和培训措施，异常活动检测和系统资产监控，信息共享等保护方案。这些方案用来补充企业已有的隐私保护流程，对隐私风险管理提供指导。

（三）参联会发布《联合介入作战概念》，确定未来联合部队有效实施介入的 21 项能力

4 月 7 日，美国参谋长联席会议发布公开版《联合介入作战概念》。

这是继2012年《联合作战顶层概念:联合部队2020》《联合作战介入概念》,2013年《空海一体战概念简述》之后,美国军方发布的关于联合部队建设的第四份重要指导文件,详细阐述了在敌对环境和不确定环境下,联合部队如何利用先进的区域拒止能力,实施介入作战,实现部队在战区的灵活机动性。

1. 提出联合介入作战的核心思想

《联合介入作战概念》核心思想是:构建任务定制型联合部队,这些部队经编组、训练和装备后具有独特的能力,并全面了解介入作战任务的目的。联合部队将通过全面整合多疆域部队,在选定的介入点利用敌人防御空隙,在域内和跨域进行突袭行动,形成多个介入点的局部优势,在适当作战条件下实施介入,以达成作战目标。介入行动的指挥和控制结构要能够实现联合指挥官跨作战司令部,对所有的联合和多国部队进行整合,使联合部队具备全球灵活机动能力。

在实施介入作战的过程中,联合部队将依赖于美国本土、中间整备基地、移动式联合海上基地、远征机场和海港的支援来投送力量,以方便联合部队在选定介入点实施域内或跨域包围、渗透或突破。

2. 明确了实施联合作战介入行动所需的21项能力

在对抗日益激烈的环境下,联合部队在未来实施有效行动需要加强在指挥和控制、情报、火力、机动性和保障性等方面的能力建设。

在指挥和控制方面,所需能力包括联合司令部和多国部队司令部对职能司令部(如美国战略司令部、美国特种作战司令部和美国运输司令部)进行整合的各种能力;联合参谋部和作战司令部通过全面联合训练和演习计划,为联合司令部和军种司令部参与介入行动提供准备的能力;在恶劣或降效的通信、情报、赛博空间和太空等环境中对部队进行指挥和控制的能力;使特种作战部队和常规部队实现有效互补的一体化能力;为满足跨机构和多国互操作及联络的需求,保持充分的通信和指挥能力,以及快速交换信息的能力。

在情报方面,所需能力包括在初始介入阶段之前和介入期间,要能够提供满足首批介入部队及增援介入部队需求的情报支援能力,以及对"任务分配和搜集情报"能力进行管理的能力;在介入行动期间,在降效或恶劣环境下处理、利用和分配情报的能力;在介入行动期间,与所有相关的联合、多国和跨机构伙伴快速分享信息和情报数据与产品的能力。

在火力方面,最低层战术梯队要能够及时获取联合火力,以支援独立的机动计划的能力;持续打击反介入/区域拒止威胁的能力;一体化信息作战能力。

在机动性方面,所需能力包括初始介入部队针对一个作战区域执行初始介入行动的能力;增援介入部队快速部署和机动至初始突击目标的能力;在维持初始介入行动的同时,缓解威胁、降低有害物对人员/装备/设施危害的能力;增援介入部队/支援部队,以反制敌方对部队的自由行动进行限制的能力;初始和增援介入部队在受核生化辐射和沾染的地区作战的能力。

在保障方面,所需能力包括快速获得合理调配的预配置成套设备和救急补给品的能力;对增援介入部队和后续部队所需的保障需求进行评估、规划、区分重点、排序、分发的能力;对介入区夺占后的基础设施建造、启用、评估、修理和改进能力;在多个地点提供不同规模和早期介入的大宗油料/液体投送系统,满足至少两个不同介入位置(包括近海和内陆纵深)作战的能力。

(四)空军发布科技发展战略文件,确保优势能力建设

8月29日,美国空军负责采办的助理部长威廉姆·拉普恩特签发《美国空军科技战略:为今日和明日航空兵创造主导能力》文件,提出空军科技发展目标和指导原则,指出要继续推进空军科技项目的发展,投资未来具有重大颠覆性的创新能力建设,维持工业和制造基础的关键设计能力。除此之外,还强调了设计敏捷性和经济的可承受性,以及如何利用外部资源加强与联合部队及盟友之间的合作。

1. 提出空军科技发展战略目标

美国空军科学和技术发展的战略目标包括:研发充足的技术,并确保其制造成熟度,支持近期、中期和远期的采办项目;对技术进行创新,以快速响应作战人员的紧急需求;创建新的概念和科学技术方案,建立支持"全球警戒、全球到达和全球力量"的新任务或新能力;利用新的概念和科学技术方案,降低采办成本,确保装备和技术的完备性和可用性;运用商业实践,增加科学与技术企业的创造力、生产力和对空军需求的响应能力;招募、培养和接纳一支有才华、高水平的科技队伍;投资建设核心科学和技术基础设施;满足空军科技项目的优先事项发展需求,及时将科技成果向能力方向转化,提供满足空军当前和未来作战的技术优势能力。

2. 明确空军科技发展指导原则

美国空军科学和技术发展的指导原则包括:需阐明美国空军跨越近、中、远期最高优先级的需求,执行一个平衡、综合的科技计划,响应空军核心任务,推进满足应对全范围产品和支持所需的关键技术能力的发展。

(五)国防部发布 2014 年版《四年防务评审》报告,强调联合部队的再平衡能力

3月4日,美国国防部向国会提交了2014年版《四年防务评审》报告(以下简称《报告》),明确提出要在预算削减的财政环境下,全面落实国防部2012年《国防战略指南》,保护重点领域能力的建设,维护美国国家利益。

1. 明确未来安全环境

《报告》指出,美国面临快速变化的安全环境,如朝鲜和伊朗的威胁,以及其他地区持续动乱、极端暴力、教派冲突等。同时,作战空间的对抗性越来越强。为应对这样的战略环境,美国需要加强与盟友合作,充分利用自身在部队建设、技术和能力等方面优势,做好联合部队建

设、训练准备和部署工作。此外，国防部的再平衡战略还要面临财政环境的不确定性风险。

2. 提出新的国防战略

为支持美国国家利益，保护美国自身、盟友及合作伙伴的安全，维持强大的经济系统，维护国家秩序，《报告》提出囊括2010年《国家安全战略》和2012年《国防战略指南》优先事项的更广泛战略框架，强调国防部三大任务，即保卫美国本土安全；建立全球安全环境，实施全球力量投送；利用新型、高效和快速的方式，赢得决定性胜利，实现美国的战略目标。

3. 强调联合部队的再平衡

《报告》提出，国防部需在若干重要领域对联合部队进行再平衡，以便为未来做好准备。

1）全谱作战行动的再平衡

为应对未来各种各样的冲突，美军将更强调全谱作战行动，保留军队重新扩大规模的能力。国防部将支持对国防系统内外科学、技术、研究、开发的优先投资，采取措施，确保在最关键的领域全谱赛博空间能力，积极寻求技术突破、创新的作战和部署方式，综合运用经济、外交、情报、执法、发展和军事手段，来对抗极端暴力分子和恐怖分子威胁。国防部将对反恐工作进行再平衡，更强调建立伙伴能力及维持强大的直接行动能力，包括情报、持久监视、精确打击和特种作战，重视对抗大规模杀伤性武器的能力。

2）全球战略部署的再平衡

国防部将对美军全球部署进行再平衡，继续推进美国的"亚太再平衡"战略，致力于维持朝鲜半岛的和平与安全，维持中东地区合作伙伴的安全，在海湾地区维持强势的军事姿态，继续与欧洲盟友和伙伴们合作，促进地区稳定和欧洲—大西洋一体化，同时为联盟作战行动而扩大军队规模，提高互操作性，优化作战战略。此外，国防部还要确保全球快速部署能力的发展。

3) 联合部队的能力、规模和战备程度的再平衡

对现有军队结构进行调整,维持联合部队的平衡。在空军方面,维持具有全球力量投送能力的空军,推动空军下一代作战装备的现代化,减少或取消某些单一任务航空平台。在陆军方面,维持能够在陆上执行各类作战行动的世界级陆军。陆军现役人员将从反恐作战时期的57万人缩减至44~45万人;国民警卫队将继续缩编,从反恐作战时期的35.8万人减少到33.5万人;预备役部队将从20.5万人减少到19.5万人。在海军方面,维持海军部队规模,以实现全球安全和危机响应,降低采购成本和暂停部分舰船的使用,对水面舰艇、军机和潜艇进行现代化改造,确保装备能应对全频谱冲突;在海军陆战队方面,继续视海军陆战队为重要的危机响应部队,保护其优先事项的现代化,确保战备水平。

4) 保护关键的能力领域

国防部将在以下能力领域采取措施,保持部队现代化,使其拥有较高战备水平。在赛博领域,对更大范围内的赛博能力和人员进行投资,提升"执行赛博行动,支援世界范围军事行动"的能力,加强对"作战司令官们的军事任务规划和执行"的支援,反制针对美国的赛博攻击。在导弹防御领域,国防部正在增加地基拦截器的数量,并正在日本部署第二部雷达以提供预警和跟踪能力,将向防御性的拦截器、识别能力和传感器领域进行投资。在核威慑领域,将继续向必要的核投送系统和预警/指挥/控制系统的现代化升级工作予以投资,将与能源部合作,完成核武器和支撑性基础设施的现代化升级工作。在太空领域,将向复杂度更低、更经济适用、更具抗毁性的系统和系统体系架构转型,慑退针对太空系统的攻击。在空中/海上领域,继续在战斗机、远程打击能力、高生存力持久监视、抗毁体系架构、水下作战能力方面进行投资,以提高联合部队对抗反介入/区域拒止能力。在精确打击领域,将采购先进空面导弹,使战斗机和轰炸机能打击各种类型目标。采购Ⅰ型远程反舰巡航导弹,以提升美国空军"在敌重兵防御的空域"与水面舰艇交战

的联合能力。在情报/监视/侦察领域,投资向"作战及时响应的且在强对抗环境下仍能发挥效力的系统"倾斜,支持全球态势感知、反恐及其他行动。

此外,美国国防部还将继续增加特种部队人员数量,以执行反恐和特种作战行动,挫败基地组织,并对抗其他新兴跨国威胁和大规模杀伤性武器。国防部本身将在内部进行再平衡,以控制成本增长,提高效率。

(六)国防部发布《国防工业基础评估》,有效指导国防工业政策制定

7月18日,美国国防部分管采办、技术与后勤的副部长签署发布《国防工业基础评估》报告,更好地指导评估活动,提升评估的准确性、权威性,有效指导国防工业政策的制定,从而提升国防工业效率,维持一个良性、健康、稳固的国防工业基础。报告的主要内容包括以下几个方面:

1. 对决策层和管理层职能进行了调整

在职能分配方面,与2009年版本相比,分管采办、技术与后勤的副部长职责除仍然保留其确定国防部有关国防工业能力方面的政策与投资,以及批准国防部各部门提出的每年约1000万美元维持国防工业能力建议的决策职能外,还增加了其与分管情报副部长之间的协调职能,对可能影响工业能力的情报和安全项目的工业基础进行监督。

国防部分管制造和工业基础政策的助理部长帮办是国防部负责国防工业的专职管理者,此次明确了其相关职责,主要包括:在分管采办、技术与后勤的副部长领导下,制定国防工业能力相关政策,并对相关投资进行监督和技术支援;建立国防部内部与其他政府部门间的国防工业基础数据分享机制;创建和维护国防工业基础数据库等。此外,还对国防部各部门首脑在数据库建设和数据分享方面赋予更多的协作职能。

2. 明确国防工业基础评估的程序和标准

在程序方面,该报告首次提出要在里程碑决策点 B 之前的技术开发阶段和里程碑决策点 C 之前都要进行工业基础评估。对于重大采办项目,项目经理要与国防部分管制造和工业基础政策的助理部长帮办在评估实施之前进行充分沟通,要确保评估的相关内容和要求能够在项目的采办策略和建议征询书中得以体现。项目结束后,要根据相关规定,进行基础能力评估。

在标准方面,报告提出了需要特别保护的工业能力的判别标准,包括:通过常规供应商管理无法解决的能力;与当前国家安全需求密切相关或下一代产品开发和制造所需要的能力;可能导致国防部无法采购某些产品或服务,且重建要比能力维持代价大的能力;产品线唯一、供应商唯一的能力,或是某些复杂敏感技术、中断后可能导致丧失的能力;相关成本、风险和利润,以及替代方案经评估后认为需要保护的能力等。

3. 提出建立信息维护和共享机制的明确要求

报告要求国防部内部要充分共享工业基础评估所需的相关信息,以减少各部门获取信息的负担和成本。国防部各部门要积极配合国防部建立和维护包含报告、信息和相关数据的国防工业基础数据库,而且数据库要在国防部范围内实现共享检索,但要注意控制访问权限以确保信息安全。

二、俄罗斯:积极应对西方制裁,鼓励自主创新和进口替代

加快转变思想、研发并采用现代化和创新性的技术推动整个国家经济发展是俄罗斯政府赋予国防工业的一项重要任务。为完成这一任务,2014 年,俄罗斯加快推进国防电子领域的自主研发,并取得了一些效果。乌克兰危机和西方制裁,更加坚定了俄罗斯政府推进进口替代

工作的决心,以普京、梅德韦杰夫为代表的俄罗斯高层密集发表各种讲话,并出台一系列政策和举措,加快推进俄罗斯的自主创新和进口替代,以应对外来威胁和挑战。

(一)加快自主研发,以解决军工企业进口替代问题

1. 高层反复强调,工贸部正在拟定进口替代计划

乌克兰危机,打破了俄罗斯与乌克兰原本相对密切的经济与军事合作关系,使俄罗斯经济在许多领域严重依赖进口的问题暴露无遗。普京、梅德韦杰夫等俄罗斯高层多次强调,要尽快解决国防工业领域的进口替代问题,工业和贸易部(以下简称"工贸部")也开始着手制定相关计划。

俄罗斯总统普京在11月27日召开的国防采购会议上表示,国防企业应着手解决武器和军事技术设备元器件的进口替代问题,关键任务是提高产品的质量,他要求俄罗斯国产的元器件"应该超越外国制造的产品"。12月4日,其在国情咨文中再次指出,必须要"减少对国外技术和工业品的严重依赖性"。12月8日,普京总统责成有关部门要在短期内确定技术领域的进口替代临界点,明确优先发展的技术及领域,以及如何保障这些领域的替代技术能够在生产中迅速得以应用的具体措施。

10月29日,总理梅德韦杰夫在会见"统一俄罗斯"党成员时指出,俄罗斯将在年底前做出有关进口替代和发展工业的新决定。30日,其在"俄罗斯支柱"论坛上又表示,进口替代不能仅限于商品的替代,还要尽快地在技术领域实现进口替代。

俄罗斯主管国防工业的副总理罗戈津曾公开表示,不管西方制裁未来如何走向,都不会影响俄罗斯国防工业领域的进口替代计划。乌克兰危机让俄罗斯清楚地认识到,在国防关键领域,必须要"转向本国制造"。

在高层的反复强调和积极推动下,俄罗斯负责国防工业发展的工

贸部,从 2014 年 6 月已开始着手研究制定进口替代计划。俄罗斯《消息报》曾刊文称,仅用于替代乌克兰军工产品一项,俄政府就将投入 14 亿美元。

2. 举办系列"国防部创新日"展览,鼓励企业自主研发

"国防部创新日"主题展是由俄罗斯国防部主办、国防部科研活动和先进工艺(创新研究)跟踪总局具体承办的一个国际性防务展。主要目的是展示俄罗斯国防工业领域先进的观念、技术和产品,以便为国防和安全领域所开展的创新性科学研究、产品研制和技术研发工作提供更好的产品和服务支撑。

继 2013 年成功举办第一届创新日展览后,2014 年,俄罗斯"国防部创新日"主题展无论是规模还是影响都有了新的提升。此次展览共分三个阶段,在三个地区分别举办了三次集中展示活动,并安排了七场圆桌会议。俄罗斯国防部绍伊古部长,率布尔加科夫、鲍里索夫和波波夫三位副部长参加主题展的开幕式,绍伊古将军还亲自按下展览开幕按钮。

此次展览集中展示了俄罗斯新近研制的技术与装备,如"古地中海"深水救生设备(该项目是 2013 年主题展期间刚刚确定的研发项目),以及部分即将装备部队的装备,如将装备航天部队的由"米克兰"科研生产公司研制的多功能侦察情报系统和明年 2 月就可能装备部队的卡玛斯 - 3344 履带式运输车等。

创新日系列展览为科研机构和企业提供了相互交流的重要平台,为促进俄罗斯军事技术的自主研发与应用,以及鼓励自主创新都起到了较好的促进作用。

(二)采取多种形式,为国防企业提供资金支持

1. 向国防企业提供贷款担保

为帮助本国的企业减轻西方制裁的不利影响,俄罗斯政府加大了对企业的支持力度。2014 年 9 月,俄政府向包括战术导弹公司、金刚石—安泰康采恩、杨塔尔造船厂等7家防务公司提供了总额达121.2亿卢布的国家贷款担保,以维持这些俄罗斯重要武器及装备供应商的正常运转。

2. 设立工业发展基金

2014年5月,在圣彼得堡国际经济论坛上,俄总统普京明确指出,为优化优势项目的资金贷款渠道,有必要成立工业发展基金。8月,梅德韦杰夫总理正式签署了建立工业发展基金的政府令,该基金将在3年内为工业项目提供185亿卢布资金支持,为工业企业技术研发、产品试验验证提供必要的资金信用保障。

(三)修订法令法规,扶持和保障国防工业的发展

1. 修订《俄罗斯联邦工业政策》

2014年12月10日,俄罗斯国家杜马审议通过了俄工贸部提出的《俄罗斯联邦工业政策》修订草案。该草案确定工业政策原则、工业扶持措施,以及工业领域各职能部门的权限。俄工贸部部长曼图罗夫指出,该修订草案将解决目前工业领域存在的法律问题,确定国家对工业领域的扶持政策和原则。

2. 修订《国防法》

为简化国防订货的审批流程,规范审批手续,激发企业的积极性,以确保国家国防订货及国家武器装备发展纲要各项任务的按时完成,根据安排,2014年俄罗斯启动了《国防法》的修订工作。12月,国家杜马对《国防法》修订草案进行了两次审议,预计该法修订案将于2015年12月正式获得通过。根据目前资料显示,该修订草案将强化联邦政府对国防工业发展的支撑与保障作用。

三、欧盟:制定和实施科技战略计划,夯实国家发展基础

为进一步整合欧盟各国的科技资源,加强各国联合协作和创新能

力,提升欧盟半导体领域竞争力,欧盟实施科研创新框架计划,在资金投入、资助机制和管理流程等领域进行调整,推动科研创新发展。

2013年12月,欧盟成员国批准了"地平线2020"科研创新框架计划。该计划是欧盟实施创新政策的工具,对欧盟之前的研发框架计划进行了重新设计,保留了合理的政策,简化了难以操作或重复繁琐的项目申请、管理流程。该计划于2014年正式启动实施,计划周期为7年,预算总额为770亿欧元,最初两年的启动资金为150亿欧元,"地平线2020"的提出标志着欧盟在研究创新计划方面迈入新纪元。

该计划旨在帮助科研人员实现科研设想,获得科研上的新发现、突破和创新;促进新技术从实验室到市场的转化,在转化过程中,融合公众平台和私营企业协同工作。该计划重点资助领域包括基础科学和工业技术等,内容涉及信息通信技术、纳米技术、材料、能源、量子技术、高性能计算、生物技术、制造技术和空间技术等。"地平线2020"具有以下4个特点:

(1)投资力度加大。"地平线2020"计划2014—2020年共投入接近770亿欧元,比第七研发框架计划的532亿欧元增加了近50%。到2020年,欧盟研发与创新投入要占欧盟财政总预算的8.6%。

(2)欧盟层面不同资助计划的整合力度加大。"地平线2020"计划统一了以前各自独立的欧盟研发框架计划、欧盟竞争与创新计划,以及欧洲创新与技术研究院三个研发计划的预算,并将欧盟结构基金中用于创新的部分也纳入其中进行统筹管理,避免条块分割和重复资助。

(3)对项目申请和管理流程进行了简化。"地平线2020"计划将简化项目管理流程,对不同的计划和项目实行标准化、规范化管理,实行"一站式"服务。

(4)探索新的资助机制。"地平线2020"计划将资助从基础研究到创新产品市场的整个"创新链"所有环节的创新机构和创新活动,并根据研发活动的不同性质灵活实施拨款、贷款、政府资金入股和商业前采购等多种资助形式。

四、日本：制定战略性指导文件，加快防卫力量建设步伐

为满足安倍政府不断推进日本向军事大国迈进的需要，日本政府在2013年年底出台三大安保顶层文件，试图通过实施体制改革、增强国际合作、加强先进技术研发等措施，加快其防卫力量建设步伐。同时，发布国防工业相关战略，出台赛博安全领域法案，对未来10年国防工业发展目标、政策举措等进行全面规划和部署，全面推进赛博安全政策的有效实施。

（一）政府通过三大纲领性防卫文件，推行新的防卫安全政策

2013年12月，日本政府同时通过了《国家安全保障战略》《防卫计划大纲》和《2014—2018年中期防卫力量整备计划》三大安保领域的重要文件，提出要加强防卫力量建设，深化日、美军事同盟，增强与韩国、澳大利亚、印度和东盟各国等的合作关系，为日本实施战略性安全保障政策奠定基础。

1. 发布《国家安全保障战略》，推动装备研发领域的国际合作

2013年12月17日，日本国家安全保障委员会和内阁会议通过了作为外交与安全政策首个综合指针的《国家安全保障战略》，以取代1957年5月20日由国防会议和内阁会议通过的"国防基本方针"，用于指导日本未来10年的安全政策，并为安倍政府推进的"积极安保政策"提供支持。

该战略明确列出了当前日本面临的威胁和挑战，指出最突出的是朝鲜的"核武"计划和中国军力的快速且"不透明"扩张。日本称将"继续走和平国家的道路"，但妄图在亚洲地区扮演"积极的"维和角色，强调与美国和澳大利亚等盟友开展更紧密的军事合作。

为配合修改基于"武器出口三原则"的禁运政策,日本在《国家安全保障战略》中还明确提出"通过有效利用防卫装备进一步积极参与国际合作",认为国际合作研发将是日本提高防卫装备性能、解决研发费用上涨等问题的重要手段,主张"推进共同开发和生产",意在推进武器出口,扶植国防工业发展。此外,该战略还明确指出,在更广泛的层面上,日本应加强自身实力,以便在地区防卫方面扮演更重要的角色。

2. 发布新版《防卫计划大纲》,倡导建立强大的情报、预警和监视网络

新版《防卫计划大纲》(以下简称《大纲》)与《国家安全保障战略》同时出炉。作为日本未来10年防卫力量的建设方针,《大纲》呼吁建立更强的情报、预警和监视网络,强化日常情报搜集、监视、侦察等工作;遵守"专守防卫"、不成为军事大国的基本原则;整合陆、海、空自卫队的防卫资源,构筑"整合机动防卫力量",最大限度地确保防卫力量的"质"和"量",提高防御能力和应对能力。按照中期防卫计划,未来5年日本防卫预算总额为24.67万亿日元(约2395亿美元);在陆上自卫队新设"水陆机动团",负责执行夺岛任务,购买17架"鱼鹰"倾转旋翼机、3架无人侦察机等,提高机动作战和警戒监视能力;强化日、美两国在情报收集等领域的合作。

3. 发布《2014—2018年中期防卫力量整备计划》,强化空海作战能力

除《国家安全保障战略》和《防卫计划大纲》外,国家安全保障委员会和内阁会议同时还公布了《2014—2018年中期防卫力量整备计划》(以下简称《整备计划》),以"构建一支以高技术装备和情报指挥通信体系为支撑,具备快速反应、持续作战、联合行动和可恢复能力"的"综合防卫力量"为目标,切实采取实际措施强化军力,扩大国际影响力,为"对内松绑解缚、对外示强拓权"作实力支撑。

《整备计划》提出,要深化防卫省组织机构改革,打破"文官控制制度"束缚,强化防卫政策局的战略规划功能,加强防卫省对外交流,加强情报搜集能力;重点提升警戒监视、指挥控制、信息通信、反导、太空和赛博空间等能力;开展面向未来的无人装备、网络、空间装备等装备技术研发工作;加强日、美军事一体化建设,深化日美军事同盟。

(二)防卫省发布《防卫生产和技术基础战略》,规划部署国防工业发展

6月19日,日本防卫省发布《防卫生产和技术基础战略》(以下称《战略》),对未来10年国防工业发展目标、政策举措等进行全面规划和部署。《战略》称,日本将采取自主研发和国际联合研发生产并举的装备发展方式,通过国防工业体制改革、装备出口、军民技术转化等举措,维持、提升国防工业能力。

1. 提出日本国防工业面临的两大挑战

《战略》评估认为,日本国防工业仍面临"特殊性"和"脆弱性"两大挑战,与强军需求尚存差距。在"特殊性"方面,日本武器装备研制高度依赖民营企业。国防工业设备设施、技术专用性强,一旦企业退出,恢复时间较长、成本较高。由于日本过去长期遵守"武器出口三原则",严格限制武器装备出口,仅限于满足自卫队需求,导致市场狭小。在"脆弱性"方面,日本经济不景气,导致国防预算增长受到严格限制,而武器装备的高性能化、复杂化,以及出口受限,导致采办单价上涨、采办数量减少的恶性循环不断加剧。日本国内采办数量不足和出口受限导致100多家中小企业退出防务市场,大型企业规模难以扩大;同时研发经费偏低,导致国防工业高技术人才严重不足。

2. 确立国防工业发展的三大战略目标

《战略》明确将国防工业基础作为防卫力量建设不可或缺的要素,视为维持、提升潜在威慑力的重要支撑,提出三大目标。一是确保日本安全保障的自主性,建立支撑军力发展的国防工业基础。2013年年底出台的《国家安全战略》明确提出"自身防卫能力是国家安全的最终保障,要发展遏制和应对各种事态的防卫能力"。《战略》提出,必须维

持、提升日本国防工业基础，凡经费、能力允许，武器装备生产、维修、零部件供应由本国企业承担。二是提升潜在威慑力和国际合作的主动性。该战略提出，维持和提升日本国防工业能力，保证武器装备的稳定发展和快速供给，在紧急事态时迅速构筑防卫能力。进口谈判时，保持国内自主研制能力，提高议价能力；联合研制时，发挥日本的技术优势和制造基础，与国防工业强国开展合作。三是带动其他产业发展。国防工业与其他制造业联系密切，国防工业的稳定发展，尤其是军民技术的双向转化、先进技术引进，可扩大就业、提高制造业技术水平，带动日本经济发展。

3. 明确提升日本国防工业能力的五大举措

《战略》提出，日本国防工业不能完全由市场机制调节，政府应制定公开、透明的政策适时调控，采用多项举措维持、提升国防工业能力。一是推进国防工业调整改革，加强企业合作和部门合作，加强对供应链的监管；二是促进采办制度改革，优化武器装备采购方式，改革公开竞标制度，扩大长期合同应用范围，建立多个优势企业联合承包的接单机制，建立武器装备成本数据库，提升成本估算能力；三是扩大国际联合研发生产，加强与美国、英国和法国等军事强国的合作；四是提升研发水平，明确技术发展重点，制定公开透明的中长期研究规划，促进军民技术双向转化，构建竞争性研发项目申报机制；五是加强政府部门间协作，加强防卫省政策与其他政府机构投资、税收、援助等政策的协调，支持中小企业参与武器装备研制。

（三）国会正式颁布《赛博安全基本法》，全面推进赛博安全政策实施

为应对急剧增加的赛博安全威胁，解决赛博安全推进机制由于无法可依造成的权责不清问题，全面推进赛博安全政策措施的有效实施，日本国会于11月12日正式颁布实施《赛博安全基本法》。基本法由总则、赛博安全战略、基本政策措施、赛博安全战略本部和附则5部分构

成，树立了赛博安全基本理念，明确了国家及其他主体在赛博攻击应对过程中的职能，规定了赛博安全战略和其他赛博安全政策措施制定过程中的基本事项，并要求将信息安全政策委员会升格为赛博安全战略本部。《赛博安全基本法》的颁布，为日本政府的赛博安全推行机制提供了法律依据。

1. 首次界定"赛博安全"内涵

《赛博安全基本法》的颁布，是日本首次通过法律的形式界定"赛博安全"的内涵。该法中的"赛博安全"是指，防止以电磁方式记录、发送、传送或接收的信息泄露、丢失或毁坏所需的必要安全管理措施，确保信息系统和信息通信赛博的安全性和可靠性而采取的必要措施，以及妥善维护其安全状态的管理措施。

2. 树立了赛博安全基本理念

《赛博安全基本法》树立了日本赛博安全基本理念，规定国家、地方公共团体、关键社会基础设施运营商等各类主体在推行赛博安全政策措施的过程中，必须共同协作并积极应对。此外，日本还须通过国际合作与协调，在赛博安全相关国际秩序的形成和发展过程中发挥先导性作用。

3. 明确了国家和其他各类主体的职能

《赛博安全基本法》明确了国家和其他各类主体在应对赛博安全威胁时的责任和义务：规定国家要以基本理念为准则，制定赛博安全综合政策措施并付诸实施；地方公共团体要为国家分担适当职能；关键基础设施运营商、赛博相关企业组织和其他企业组织、教育研究机构则要积极自主确保赛博安全，并尽力配合国家或者地方公共团体落实赛博安全措施；国民要加深对赛博安全重要性的关注和理解，充分应对以确保赛博安全。

4. 规定了政府必须制定赛博安全战略

《赛博安全基本法》规定，为全面有效推进赛博安全政策措施的实施，政府必须制定赛博安全战略。赛博安全战略应对以下事项作出规定:包括关于制定赛博安全相关政策措施的基本方针、国家行政机关确保赛博安全的事项、关键基础设施运营商和相关组织团体以及地方公共团体确保赛博安全的事项等。

5. 明确了赛博安全基本政策措施

《赛博安全基本法》规定,国家要采取必要的措施确保国家行政机关赛博安全,促进关键社会基础设施运营商赛博安全,促进民营企业和教育研究机构采取自发措施,开展多主体合作,打击犯罪并防止危害的扩大,振兴赛博安全产业和提升国际竞争力,推进技术研发,确保人才培养和供给,振兴教育和普及启发,推动国际合作等。

6. 设立赛博安全战略本部

《赛博安全基本法》规定,为全面有效推进赛博安全政策的实施,国家要在内阁设立赛博安全战略本部。本部由本部长、副本部长及赛博安全战略本部小组成员组成。本部长作为赛博安全战略本部的最高长官,由内阁官房长官担任。

本部将掌管以下事务:(1)制定和实施赛博安全战略方案;(2)制定国家行政机关和独立行政法人的赛博安全对策标准,对基于该标准制定的对策进行评估(包括监管审计)并推进相关对策的实施;(3)评估(含原因调查)国家行政机关发生赛博安全重大事件时的对策;(4)除以上三项外,还负责对赛博安全政策措施中的重要计划进行调查审议,制定和评估内阁府各省厅的横向计划、相关行政机关的经费预算标准、政策实施方针,推进相关政策的实施并进行综合协调。

本部长基于上述(2)、(3)、(4)中的评估或者依据第三十条及第三十一条规定提供的资料和信息,在必要情况时,可向相关行政部门的领导提出建议,如果建议的事项得到认可,本部长要依据内阁法(1946年法律第5号)第六条的规定,向内阁总理大臣呈报意见说明。

相关行政机关负责人要及时向本部提供有助于本部完成相关工作的赛博安全相关资料或者信息。此外,还必须根据本部长的要求,为本部完成工作提供所需的赛博安全相关资料、信息及其他协助。

7. 将国家信息安全中心法制化

《赛博安全基本法》除部分内容外,自公布之日起开始施行。为确保本部相关事务在内阁官房内得以妥善处理,政府必须进行必要的法制修订和完善(包括根据内阁总理大臣的决定,将设置在内阁官房的信息安全中心法制化),以及制定其他措施。依据基本法附则第2条的规定,国家信息安全中心将于2016年年底前改组为"国家赛博安全中心",内阁官房将新设"内阁赛博安全官"。日本政府将于2015年度启动新赛博安全推进机制。

系统篇

一、指挥控制系统
二、通信系统
三、预警探测系统
四、情报侦察系统
五、电子战系统
六、导航定位装备

摘　要　2014年军事电子信息系统发展主要呈现以下几个特点：一是世界军事强国继续完善指挥控制系统功能，增强多方面作战能力；二是为提升通信系统对情报、监视和侦察装备的支撑能力，满足战术战役的作战相应需求，美、俄积极发展网络通信能力；三是军事强国重点建设情报、监视与侦察装备，取得多项关键性进展；四是关键电子战项目进展顺利，电子攻防能力得以提升；五是卫星导航系统竞争激烈，微惯导航系统稳步发展。

关键词　信息优势；下一代网络；数据链；新一代导弹预警；新型电子战装备；不依赖GPS

一、指挥控制系统

指挥控制系统是支撑指挥员对所属兵力进行指挥控制的信息系统，任务涉及侦察指挥、作战指挥、武器控制指挥等，功能包括接收并处理战场信息、形成综合态势，支撑指挥员和参谋人员进行作战筹划、制定作战计划、发布作战命令、监控作战行动。2014年，美国沿着既定计划研发和升级指挥控制系统，从多方面提升指挥控制能力：一是陆军测试分布式通用地面系统新功能，提升信息融合效率；二是海军成立信息优势司令部，确保信息优势能力；三是空军改进分布式通用地面站系统，进一步提高信息快速处理能力；四是联合指控系统进行现代化改造，加快决策速度；五是北美空天防御司令部指挥控制系统实现接收联合对地攻击巡航导弹防御用网络传感器系统雷达数据，增强防空反导能力。日本将"出云"号改造为新水陆机动团指挥舰，强化冲绳附近诸岛防卫能力。此外，随着技术的发展，无人系统自主控制能力多方面得到增强。

（一）美国指挥控制系统功能逐步完善

美国指挥控制系统逐步完善指挥控制系统功能，继续增强信息共享能力与战场空间态势感知能力、提升作战效能。

1. 陆军测试分布式通用地面系统新功能

美国陆军为增强其快速反应能力,委托诺·格公司开发了新型合并同类情报数据软件,并将其添加至陆军分布式通用地面系统(DCGS-A),如图1所示。2014年10月20日,美国陆军对DCGS-A同类情报数据合并新功能进行了测试。测试较为成功,DCGS-A的综合功能得到进一步提升。

图1　陆军分布式通用地面系统

早在2012年年底,DCGS-A就已开始在陆军范围内全面部署。DCGS系统是美国国防部1996年启动的一个全球性、可供军方和国家安全机构共同访问情报数据的类似因特网的互连网络,能近实时地接收、处理和分发情报数据。DCGS-A是DCGS系统的陆军部分,曾作为区域性快速反应能力系统,成功应用于伊拉克和阿富汗战争中。国防采办执行官授权使用DCGS-A系统替代陆军原有的9个不同的类似系统,成为陆军共享情报信息的重要系统。DCGS-A系统预计将服役至2034年,服役期间可为美国陆军节约12亿美元。

2. 海军成立信息优势司令部,确保信息优势能力

为巩固其信息优势,美国海军成立信息优势司令部(NAVIDFOR)。该司令部不仅是美国海军最新型司令部,还是全球性的战备型司令部,负责组织、人员配备、训练和装备(MT&E),并负责确定海军所有信息优势能力的需求。

早在2009年,美国海军结合来自海洋学/气象学、信息专业、信息战、海军情报与空间等领域的士兵/士官、现役/预备役人员,以及文职雇员深厚的专业知识与优势,建立了信息优势兵团(IDC)。信息优势兵团是一支跨学科兵团,能够精确识别目标,为信息时代的作战提供一系列非动能、进攻性及防御性能力。信息优势部队专用型司令部的成立,直接保障了整个海军信息优势能力的一体化,是能够提供可信的指挥与控制、作战空间态势感知以及综合火力的信息优势部队发展的必然趋势,也是海军信息优势发展的下一阶段。该司令部将与其他信息优势司令部以及美国海军现有司令部密切合作,履行人员配备、训练和装备职责,维持海军舰队信息优势的战备水平。美国海军作战部部长格林纳特上将表示,海军信息优势司令部的成立,标志着海军朝着正确方向迈出了重要一步,信息优势司令部将更具整体性。该司令部将合并、调整以前由分散的信息优势司令部管理的使命、职能和任务,提高海军信息优势部队战备的形成和维持能力。

目前,海军正在重新编排属于该司令部的资源和人员。自10月3日起,科勒少将接替韦伯成为新型司令部司令。海军信息优势司令部预计于2014年12月31日全面运行。

3. 空军改进分布式通用地面系统

美国空军发现所需处理的数据量不断增加,正逐步超出其系统能力范围,为此决定改进其正在使用的 DCGS–AF。

空军 DCGS 主要负责多渠道搜集信息工作,为空军地面、空中、海上所有作战力量提供特定、近实时的情报信息。2014年10月1日,空军第25军(原空军ISR机构),启动 DCGS–AF 改进方案征询工作。据空军第25军首席政策、计划与能力评估专家透露,系统改进将在符合通用基准的前提下,采用面向系统的体系结构和云计算相关技术,促进情报的灵活共享。同时,改进过程还要确保新增加功能不会影响到原有作战流程。目前,除传统军工企业外,谷歌公司和亚马逊公司也接到了征询书,将为 DCGS–AF 引进多元智能技术提供支持。

4. 联合指控系统进行现代化改造

美国 DISA 继续对全球指挥控制系统—联合(GCCS-J,如图 2 所示)进行现代化改造,增强美军联合指挥控制能力。2014 年 5 月,美国 DISA 与诺·格公司签订价值 5300 万美元的合同,继续对美军联合作战和多国作战使用的"全球指挥控制系统—联合"进行现代化升级和维护。早在 2013 年 3 月,美国 DISA 就已与洛克希德·马丁(简称洛·马)公司签订了潜在价值 2.11 亿美元的合同,为 GCCS-J 提供现代化和维护服务。

图 2 联合指挥和控制系统

GCCS-J 是美军提供关键的联合作战能力的指挥控制系统,提供规划和实施联合作战和多国军队的协同作战的综合、近实时图像。它是国防部的联合指挥控制系统和成功实现主宰机动、精确作战、全维防护、集中后勤等作战概念的主要系统。它为各军种指挥控制系统移植到联合、互操作环境提供了基础。它提供现代作战环境下加快作战速度所需的态势感知、图像利用、指示告警、协同规划、行动过程制定、情报任务支持和实时作战能力。

GCCS-J 软件提供通用作战图像、综合图像情报,支持战区弹道防御,以及对数据库的访问能力。此次软件升级采用 DISA 新开发的自适应规划和执行(APEX)软件替换原有的协同式部队分析、支持及运输系统软件。自适应规划和执行软件提供及时构成的灵活作战计划,并能将现有的分散的规划能力提升为综合的、互操作的、协同的规划能力。GCCS-J软件的开发和升级使系统的指挥控制性能不断提升,并对匹配的硬件系统提出了更高的要求。目前,其服务器采用的CPU主频已从数百兆赫升级为数吉赫,此次现代化改造将进一步提升软硬件性能。

5. 北美空天防御司令部指挥控制系统将可接收联合对地攻击巡航导弹防御用网络传感器系统雷达数据

为增强北美空天防御司令部(NORAD)一体化防空反导指挥控制能力,美国陆军启动了联合对地攻击巡航导弹防御用网络传感器系统(JLENS,如图3所示)与指挥控制系统综合集成项目。2014年10月,雷神公司完成了集成综合测试。JLENS与指挥控制系统集成测试达标,将于年底部署在马里兰州阿伯丁试验场的外围,用于监视美国东海岸。据悉,雷神公司开发的软件可使JLENS雷达收集并传输到北美空天防御司令部的数据符合指挥控制系统要求。测试模拟了雷达收集到的一系列可能目标,将其相关信息传输到NORAD,并保证信息的准确性。

图3 联合对地攻击巡航导弹防御用网络传感器系统

JLENS项目始于1996年,它在两部浮空器上分别装载广域监视雷达和精确跟踪雷达,联合对来袭目标进行跟踪监视。该系统在雷达性能上并没有太多出彩之处,但设计概念却是革命性的。它本身属于空基双基地雷达系统,将在空中为地空导弹提供制导,通过空中雷达传感器与地面防空系统相结合,探测、跟踪和打击低空、超低空飞行的巡航导弹等目标。该系统从2005年8月开始进入系统研制与验证阶段,2009年8月,浮空器首次携带传感器载荷升空,此后开始了一系列验证和试验活动。其面临的技术难点主要包括：监视雷达和火控雷达之间传递目标数据涉及坐标换算的问题,而系留浮空器的不规则自由飘动增加了坐标协调的麻烦；需要精确的定位信息等。2012年系统成功进行了多次对巡航导弹、地面移动目标的探测与跟踪能力演示,成功证明了JLENS可探测、跟踪巡航导弹,并具备为地面/舰艇防空火力提供火控数据、进行通信中继、提供敌我识别等多种能力。

(二) 日本将"出云"号改造为新水陆机动团指挥舰

为强化冲绳附近诸岛的防卫力量,日本海上自卫队决定对即将服役的最新型直升机航空母舰"出云"号进行系统改造,使其作为"前线司令部",负责海、陆、空三军前线的统一指挥作战,如图4所示。此举意味着"出云"号航空母舰将成为日本《2014年后日本防卫大纲》中提出新组建的水陆两栖夺岛部队(水陆机动团)的指挥舰。

图4 "出云"号直升机航空母舰

据报道,日本防卫省将对"出云"号进行改装,将在舰艇内设置指挥中心,构建可以指挥海、陆、空自卫队的通信系统,及时地收发水陆两栖夺岛部队的信息,同时也让运输舰的配备和空中支援等信息随时汇总于"出云"号指挥中心,以便对海陆空自卫队的协同作战进行指挥。此外,在未来五年内,日方还将在"出云"号上配备可以垂直起降的美国"鱼鹰"运输机,使得该舰在承担夺岛部队司令部的同时,成为最大的支援舰艇。

2013年8月,日本"出云"号直升机航空母舰下水,是目前日本海上自卫队中最大的军舰。该舰全长248m,标准排水量为19.5kt,建造总费用为1200亿日元(约75亿元人民币),目前仍处于安装设备和武器的舾装阶段,计划于2015年服役,该舰可以同时起飞5架战斗直升机。

(三)美国无人系统自主控制能力得到增强

1. 洛·马公司成功研发新型飞行自主控制系统

洛·马公司成功研发新型飞行自主控制系统,简化操作方式,增强态势感知能力。2014年年初,洛·马公司使用"沙漠鹰"Ⅲ无人机演示了新型飞行自主控制系统。该系统结合了"红隼"(Kestrel)飞行控制系统与移动地面控制站(mGCS)软件,有效提高无人机自主能力。此外,该控制系统软件还具有直观的界面、先进的警告系统,能提供注意事项和操作建议。

mGCS系统由洛·马公司的VCS-4586软件平台发展而来,是一个独立便携式系统,它能将多个控制器和软件程序进行统一协调指挥,以管理不同类型无人机系统的作战任务。该软件基于开放系统研发,设计用于便携式计算机和手持式控制器。同时,它还包括一个能与其他制造商的无人机平台相兼容的、相对完整的软件开发工具包,以减少集成问题和设备支持、维护费用。用户使用该系统可设置多种不同的飞行模式。此外,mGCS系统整合了洛·马公司的"红隼""飞灯"的飞行控制套件。该套件能提升自动驾驶能力,并将所有的飞行传感器、通信和有效载荷接口集成至同一个程序包内,为无人机提供控制、导航、制导、运行状况监测以及无线通信能力。

2. 美国海军推进水面艇自主技术发展

美国一直关注无人系统指挥控制技术。2014年10月,美国海军成功验证无人水面艇集群式自主技术,可利用多艘无人水面艇的协同合作,集群式慑止或摧毁敌方威胁。

此外,美国海军研究办公室还计划通过国际合作、启动海上RobotX挑战赛等形式,促进海军在无人水面艇自主技术方面的创新。2014年10月24—26日,来自美国、新加坡、澳大利亚、日本和韩国5个国家的15支队伍参加了首次海上RobotX挑战赛。挑战赛采用5m长的波浪自适应模块化无人艇,各参赛队利用集成传感器、软件等技术,对无人艇进行了改造,有效保障了无人艇在无需远程控制的情况下的自主运行,执行包括障碍探测与规避、对接、目标识别、跟踪与报告、水下声源搜寻和自主导航在内的指定任务。

目前,海军水面艇自主技术领域研究仍处于初期阶段。通过挑战赛,美国将尝试在该领域建立新的标准,同时海军也可获取创新性技术。按照计划,未来海上RobotX挑战赛将每两年举行一次。

二、通信系统

通信系统主要承担信息传输任务,是连接综合电子信息系统各功能单元的桥梁和纽带。2014年,世界各国继续推进军事通信系统的建设:大力发展卫星通信系统,提高卫星通信能力;稳步推进国防信息基础设施建设,提升服务能力;加快战术通信系统发展,加强态势感知能力;升级机载通信系统,增强隐身战机之间的通信能力。

(一)大力发展卫星通信系统,提高卫星通信能力

卫星通信是军队信息化战争中最重要的信息传输纽带,它覆盖面广,无线传输手段不受地理条件的限制,组网灵活,网络建设速率快。它可以将指挥控制机构、各军兵种、作战单元、侦察卫星、无人侦察机、潜艇等作战元素结合在一起,形成陆海空天电融为一体的信息化战场态势,在信息化战争中承担着越来越重要的作用。

2014 年,美国继续推动宽带全球通信卫星(WGS)、移动用户目标系统(MUOS)、先进极高频卫星通信系统(AEHF)和第 3 代跟踪与数据中继卫星系统(TDRS)的部署工作,加强卫星通信服务;俄罗斯发射军用通信卫星"彩虹" – 1M 和 Luch 中继卫星等多颗卫星,计划研发新型卫星通信系统。

1. 美国部署多个卫星通信系统,加强卫星通信服务

2014 年,美国继续推动军用卫星通信体系建设,继续部署宽带全球卫星系统和移动用户目标系统,计划调整先进极高频卫星通信系统体系结构。此外,NASA 积极推进第 3 代跟踪与数据中继卫星系统的发展和部署,强化卫星中继通信能力。

在宽带卫星通信方面,WGS 第六颗卫星已向美国空军交付,该卫星将大大提升美军及其盟友通信能力。该卫星由澳大利亚资助,是首次与美国境外盟友进行合作的项目。澳大利亚国防部队因此获得及时访问 WGS 网络的能力。WGS 卫星主要工作于 X 和 Ka 波段,为美国国防部和国际用户提供宽带通信能力。WGS 卫星运行在地球同步轨道,设计寿命 14 年,通信容量为 2.1 ~ 3.6Gb/s,星上 9 个 X 波段波束将替换国防通信系统卫星,10 个 Ka 波段波束将替代全球广播系统卫星。目前,整个 WGS 星座共有 6 颗 WGS 卫星在轨,为作战人员提供快速、可靠的宽带通信服务,还有 4 颗 WGS 卫星正在生产中。此外,WGS – 8 卫星及后续型号将安置一个升级的数字信道处理器,能够增加 90% 以上卫星带宽。

在窄带卫星通信方面,MUOS 系统是美国新一代窄带战术卫星通信系统,为美军移动用户提供基于宽带码分多址的全球战术窄带卫星通信业务。单颗 MUOS 卫星与现役特高频卫星通信系统相比,可以提供4倍的通信容量,设计初衷就是为移动终端提供传输速率比传统系统快10倍的通信能力。MUOS系统星座计划包括4颗工作卫星和1颗在轨备份卫星,现阶段已经成功发射MUOS-1和MUOS-2 2颗卫星,第3颗MUOS-3卫星已完成90%,第4颗卫星和备份星也即将完成,该项目计划在2015年实现全面运营,将服役至2025年。目前,由通用动力C^4系统部分承建的三所MUOS地面站已经交付美国海军,三所MUOS地面站分别位于夏威夷瓦细阿瓦(Wahiawa)、弗吉尼亚切萨皮克(Chesapeake)和澳大利亚杰洛顿(Geraldton)。位于意大利西西里岛尼谢米(Niscemi)的MUOS地面站由于当地居民大规模游行停滞6个月后也开始恢复建设。2014年5月,美国MUOS卫星建立了北极首个可靠的军用卫星链路,并在北极进行了一系列通信测试和演习。

在受保护通信方面,美军有意在构建未来AEHF系统时采用分散式体系结构,将AEHF卫星分解成若干小型航天器,以降低成本,增加系统弹性。AEHF系统首批3颗卫星已经在轨运行,第4颗原计划2016—2017年发射。但由于该卫星寿命比预期更长,且功能超过预期,空军在2027年之前都无需补充发射新的AEHF卫星,因此考虑将卫星有效载荷分解到两个独立的小型航天器上。于是2014年,空军调整了AEHF项目开支计划,决定花费9.8亿美元用于AEHF星座的体系结构研究。对此,洛·马公司认为AEHF卫星分解存在弊端。例如:造成有效载荷电子系统的重复;需要进行多次发射,总体上并不节约成本;增加卫星系统与地面终端的整合复杂度等。波音公司则表示支持,认为分散式体系结构不仅包括分解有效载荷,还包括同类型载荷的合并,以及多颗低成本卫星的利用,能够降低系统成本,增强系统弹性;AEHF分解后可使用"猎鹰"-9火箭进行一箭双星发射;对于地面系统集成,战术有效载荷只需经过简单的调制解调器调换,即可整合至现有终端,无需再采购AEHF终端。

2014年,美国航空航天局(NASA)成功发射新一代跟踪与数据中继通信卫星TDRS-L,实现国际太空站、NASA哈勃太空望远镜和其他天基观测台的不间断的视频、话音线路以及数据传输,其作用相当于地面长途无线电通信的微波接力站。跟踪与数据中继卫星的主要用途包括:连续跟踪航天器,转发测控信息;实时高速率地向地面转发在轨航天器,特别是各种侦察卫星获得的大量信息;为载人飞船等航天器与地面之间提供不间断的通信联络;为航天器的交会、对接与分离转发导航和监控信息传输。对于侦察卫星而言,利用跟踪与数据中继卫星连续转发侦察到的信息,可以实时掌握目标的动态情况。TDRS – K、TDRS – L和TDRS – M是第3代跟踪与数据中继卫星系列的3颗卫星,其中TDRS – K在2013年1月发射后完成所有测试,并交付给NASA,为低地轨道航空器和NASA卫星控制中心提供关键的信息链路。TDRS – M完成了NASA的关键设计评审,目前正处于生产阶段,计划于2015年发射。

2. 俄罗斯发射多颗卫星,计划研发新型卫星通信系统

"彩虹"– 1M卫星是俄罗斯第3代军用通信卫星,以取代其前身"彩虹"– 1系列卫星。该卫星用于俄军队和上级指挥中心之间进行通信,且能够通过部署在战场上的小型移动终端传输信息。前两颗"彩虹"– 1M卫星分别于2007年和2010年发射,第3颗卫星于2013年11月发射升空。该星搭载多波段转发器,不仅可通过4个波段进行广播通信,还可与地面移动基站进行可靠的通信,或为偏远地区提供稳定的通信服务。

Luch中继卫星是根据2006—2015年俄罗斯联邦航天计划进行研发的Luch多功能中继系统卫星,目的是为国际空间站的俄罗斯段、低轨道太空设备,以及助推器和上面级与地面设施的通信提供服务。国际空间站中的俄罗斯段可以直接与位于俄罗斯和美国的任务控制中心进行每天2.5h的通信。若通信时长超过该时限,俄罗斯需要购买美国跟踪与数据中继卫星系统的服务。2014年4月和9月俄罗斯两颗Luch卫星成功发射入轨,如图5所示。

2014年8月,俄罗斯计划创建新型卫星通信系统,已提供全球覆盖和通信安全。该项目预算估计为18亿美元，系统吞吐量预计将在2020年前达到80Gb/s，并在2025年前达到120Gb/s，可同时覆盖约100万个高速终端。该新型卫星通信系统安全性很高，将供国家领导人和军队使用。系统将基于"信使"-M1和"信使"-M2通信系统而研发，由俄罗斯国防部和俄罗斯联邦航天局订购。该通信系统将包括4颗卫星及空中交通管制系统，每颗卫星含转发器重达2500kg。

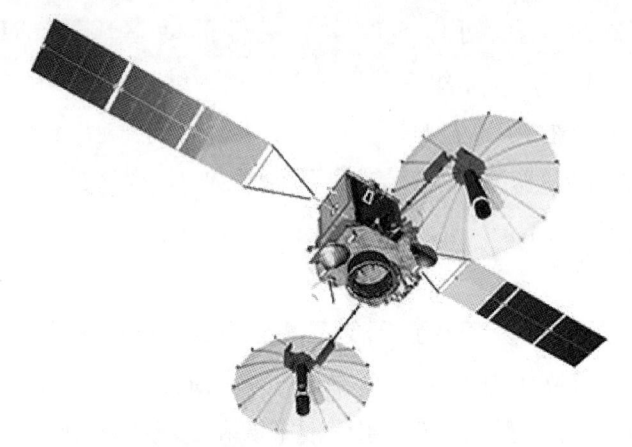

图5　2014年4月发射入轨的Luch-5B中继卫星

此外，俄罗斯的"亚马尔"先进通信卫星预计于2016年发射升空。该卫星将拥有Ka、C和Ku三个波段通信能力，由意、法两国合资的泰勒斯·阿莱尼亚航天公司负责研制，由国际发射服务公司发射，未来由俄罗斯Gazprom空间系统股份公司运营。该卫星上携带26个Ka波段转发器，主要用于为俄罗斯国内用户提供宽带通信服务；此外，还携带有16个C波段和19个Ku波段转发器。未来该卫星发射升空后，将运行在东经49°的轨道位置，用于替代目前还在此位置上工作的"亚马尔"202卫星；该卫星在轨部署后，其通信覆盖面将向西扩展到欧洲，向南扩展到中东和北非，向东扩展到东南亚的广大地区。"亚马尔"601卫星采用的是泰勒斯·阿莱尼亚航天公司的"空间客车"4000Car4卫星平台，卫星设计寿命超过15年，卫星发射质量预计超过5700kg。

（二）稳步推进国防信息基础设施建设，提升服务能力

2014年，世界各国稳步推进国防基础设施，提升服务能力。美国聚焦联合信息环境建设，加速推进信息基础设施整合；加速完成美国海军下一代企业网络项目；发展美国陆军下一代网络；发布云计算技术路线图，部署军事云服务，加强移动能力建设。此外，俄罗斯继续推进现代化远程数字通信装备部署。

1. 美国聚焦联合信息环境建设，加速推进信息基础设施整合

作为全球信息栅格的未来发展方向，联合信息环境建设是美军三军协作开展的最大规模的联合项目。2014年5月，DISA新发布《国防信息系统局2014—2019年战略计划》，将"国防部联合信息环境"列为七大战略聚焦领域之首，提出要不断发展联合信息环境，在整个国防部实现无缝、可互操作、高效且灵活的端到端的信息共享和相互依存的全局服务，以响应联合及联盟作战人员需求，并给出了实现这一战略目标的五大具体措施。

在建设联合信息环境的战略目标下，DISA、各军种以及相关职能司令部积极开展网络与信息基础设施整合工作，提供更加安全、高效的全局服务。2014年，DISA主要针对联合信息环境的5个主要方面，开发了身份与访问管理参考体系结构、企业运维中心解决方案体系结构、统一安全体系结构解决方案体系结构、核心数据中心解决方案体系结构以及网络规范化与传输广域网解决方案体系结构；正在开发联合信息环境全局体系结构0.4版、国防部信息全局体系结构3.0版、企业运维中心参考体系结构和企业中心参考体系结构。这些体系结构将为各部门展开联合信息环境建设提供统一的指导。美国陆军在DISA的帮助下，率先推进国防部网络现代化方案，构建联合区域安全栈，确保联合信息环境中的信息安全以及推动跨军种的信息共享。此外，在关闭165个数据中心后，美国陆军于7月开始将其企业级系统和应用迁移到指定的核心数据中心，这是美国陆军在数据资源集中统管方面制定政策

和规范迈出的第一步。

2. 美国海军加速完成下一代网络项目,简化其信息系统

美国海军下一代网络(NGEN)项目暂停3个月后,于2013年11月恢复了NGEN合同工作。美国海军正在提速完成海军内联网(NMCI)升级到NGEN的进程。美国海军已与惠普和PEO-EIS共同开展工作,将升级时间从12个月减少至9个月。2014年6月,美国海军又与惠普公司签署了一份1.38亿美元的扩展合同,继续为NMCI提供为期3个月的信息技术服务,以助NGEN升级。

NGEN将为美国海军、海军陆战队提供IT业务支持,涉及美国海军和海军陆战队的全球2500个主要基地和单个用户网站。未来NGEN还将接入美国国防部联合信息环境(JIE)。JIE通过将多个企业网络合并成一个通用的全球化网络来减少基础设施数量,以实现提高运行效率、提升网络安全性、节约成本的目标。

同时,美国海军多年来努力削减其重复网络、数据中心和业务系统,以延续节约风格,但仍面临困难和挑战。美国海军目前大约有125个旧数据中心,希望最终减少到大约20个核心数据中心。目前最大的障碍是信息技术应用众多,难以削减。海军希望通过信息现代化降低成本,并且平衡前期投资需要,新的运营方式有助于推进服务举措,必须提出一个可操作的构想和业务模式,剔除、减少和重组一些应用程序,实现现代化的云计算环境。

3. 美国陆军发展下一代网络,构建"端到端"网络

2014年3月,在美国陆军通信电子协会会议上,美国陆军首席信息官罗伯特·法瑞尔指出,美国陆军下一代网络特点是速度更快、容量更大、"端到端"运行,将为作战人员提供易用应用。会议还涉及陆军"2020年网络计划"以及网络防护和防御挑战。美国陆军还将继续致力于扩充网络容量并使带宽速度提高1000倍,将大力增强哨所、营地、驻地及其他部署组织的作战训练。通过更大网络容量和更高宽带速度可以实现原驻地任务指挥、分散式作战、现场进行虚拟训练等。构建

"端到端"网络,最终目的是为作战人员提供直观的网络系统,将增强网络的中心化和网络集成模块化的能力。

美国陆军将确保战术网络与战略网络、"2025年'端到端'网络"愿景保持同步。随着同步"端到端"网络的构建,陆军还将重新关注降低地面作战人员战术/可部署网络的复杂性。陆军移动战术网络的采办策略在很大程度上已取得成功,该策略已应用于整个部队。陆军旨在创建综合、同步的网络,以提供一体化能力,可连接原驻地与战区作战人员。陆军还将扩大企业服务、软件云方案和合并与关闭数据中心,并考虑通过持续的网络监测增强安全性,制定身份及访问管理协议。

4. 美国NIST发布云计算技术路线图,部署SIPRNET军事云服务

2014年10月,NIST发布了云计算技术路线图第一卷和第二卷的最终版本。由于云计算仍处于早期部署阶段,设定标准对其不断普及至关重要。该路线图明确了政府使用创新云计算的需求,这些需求涉及互操作性、性能、便携性与安全性。其中包括制定技术规范,确保形成一致、高质量云计算服务水准的协议;应对改进框架支持联合社区云服务的需求,将技术政策、认证信息、命名空间与可信基础设施协调,以支持跨多个服务提供商所处物理环境的社区云计算服务;确定改进云计算服务质量,包括测量云资源的标准单位。该路线图为积极参与战略和战术云计算倡议者提供技术参考,确定了大数据、网络安全等平行技术在塑造云计算服务及云计算采集、存储、分析、共享和管理大数据中的作用。云计算与大数据技术不可分割,网络安全与云计算互为依赖,同时云计算的外包服务容易对网络产生一定的安全挑战。

10月,DISA为军事云(MilCloud)配置了用于处理保密信息的保密IP路由网(SIPRNET),使其云服务系统具备了处理保密信息能力。此举让美国国防部机构可通过DISA云服务市场,订购保密和非密服务。国防部正在向云计算转型,一方面通过整合数据中心削减虚拟计算环境成本,另一方面使其支持联合信息环境,建设起部一级的基础设施支撑所有军兵种和国防部机构的信息共享。DISA 的军事云是政府与商业服务的一次有效结合，提供基础设施的同时也为各大机构提供了一个新的选择。军事云服务基于虚拟数据中心，管理机构可以通过一个 Web 控制界面进行管控，DISA 直接管理该虚拟数据中心。该 SIPRNET 军事云设在阿拉巴马州蒙哥马利和俄克拉荷马城的国防企业计算机中心，目前 DISA 和部分情报机构已经开始使用该项服务。

5. 美国国防部推进 BYOD 应用和 SIPRNET 移动能力建设

2014 年，美国国防部依然关注作为军事优先发展的移动能力建设。从国防部首席信息官特里·哈沃森使用非涉密智能手机在军事涉密网络 SIPRNET 工作可以看出，在同一设备上完成军事工作和个人应用即将成为现实。国防部其他官员也同样期待自带设备办公（BYOD）应用的发展。国防部已经基于"黑莓"z30 开始试验，并证明其有能力在工作环境和个人环境中使用。

哈尔沃森提到，国防部准备推出一个试点项目，检验 BYOD 程序在军事应用的可行性。潜在的 BYOD 特权将受限于特定的用户和某些特定应用类型，例如，只批准一定的个人设备，进行电子邮件访问、文件共享和日历应用程序等。高级官员则很可能会继续使用五角大楼专用设备。然而 BYOD 试点应用的具体时间表并没有给出。

6. 俄罗斯继续推进现代化数字通信装备

从 2009 年起，俄国防部就启动了大规模的换装计划。按照计划，将为俄军指挥所通信节点配备现代化的远程通信和计算机设备。该计划能够为各种通信装备提供标准化的解决方案，同时还可保障用户能够享受到高质量的服务，这些服务包括明话和密话通信、接入自动化指挥系统和电子邮件交换系统，以及其他一些附加服务，如召开视频会议、获取全球信息资源（接入互联网）等。此外，这些分散的指挥节点也可从逻辑上连接成为一个能够执行多任务的部门性局域网。

截至 2014 年 1 月，俄国防部约有 1000 个部门装备有数字化远程通信设备。俄国防部新闻管理局 2013 年 11 月 25 日宣布，到 2020 年，俄战略导弹部队将全部装备更换为现代化的数字通信装备。俄战略导弹部队自2013年起开始为阵地的导弹师列装新型的数字信息传输系统,更新卫星通信站、短波和超短波雷达站。正在装备的数字化电信设施还包括数字无线电中继站、保密和非保密的自动化电话站和电讯通信、传输国防部保密数据的局域计算机网。

(三)加速战术通信系统发展,加强态势感知能力

2014年,美国加速战术通信系统的发展,加强态势感知能力。美国海军建设一体化舰载网络,陆军战术级作战人员信息网(WIN-T)项目继续推进,空军RQ-4"全球鹰"无人机扩展卫星通信能力。战术无线电系统全面发展,支持MUOS卫星通信的首例机载无线电设备ARC-210 Gen 5已经成功完成试验。此外,美、印甚低频通信系统得到进一步发展,澳大利亚皇家海军为"安扎克"级护卫舰升级通信系统,将极大提高澳大利亚皇家海军作战能力。

1. 美国海军建设一体化舰载网络,进入实质性阶段

美国海军实施综合海上网络与企业服务(CANES)计划,旨在开发一体化的舰载网络,为舰队指挥控制、情报、后勤提供通用计算环境,以提高舰队之间的互操作性。CANES项目于2011年进入系统研制、验证与试验阶段,2012年开始部署在分队级舰船以及岸上站点。2013年,美国海军对CANES进行部分运行试验。2014年8月,美国空间和海战系统司令部(SPAWAR)代表美国海军指挥控制、通信、计算和情报(C^4I)项目办公室在圣地亚哥与5家公司签署长达8年的253万美元合同,主要完成海军水面舰艇编队的先进指挥控制、通信、计算和情报C^4I的舰载网络设备的列装,CANES项目进入实质性阶段。此次安装CANES设备的5家合同承包商包括BAE系统公司、通用动力、全球技术系统公司、诺·格公司和信佳(SERCO)公司。到目前为止,CANES已经列装了9艘驱逐舰,有3艘航空母舰、1艘两栖攻击舰、8艘驱逐舰、1个岸上码头舰船和1艘巡洋舰正在列装进展中,此外还有28艘舰

艇计划在未来两年内列装。CANES 最终在 2022 年完成 180 艘船舰、潜艇或陆地工作区的系统应用。

2. 美国陆军继续发展战术级作战人员信息网

自 2004 年首次展示，美国陆军的战术级作战人员信息网（WIN-T）平台明显增强了作战区域的通信性能。该系统通过卫星连接到通信链路，允许作战人员在非视距情况下依然保持连续的通话，旨在为各级作战人员提供不间断的移动通信能力、加强生存能力同时降低复杂度。2014 年，美国陆军计划为 10 支部队列装 WIN-T 增量 2，其中包括 2 个师指挥部、5 个步兵旅战斗队和 3 个斯特赖克旅战斗队。WIN-T 增量 2 同时将目标确定为简化系统的操作使用和维护任务，以增加用户友好性。在 2014 年秋季的网络集成评估 15.1 中，计划再次对一个营的斯特赖克战车评测这种集成的效果。

在 WIN-T 增量 3 体系结构中增加"空中层"，进一步增强网络能力，同时简化网络运维、提高互操作能力，实现从"烟囱式"系统向一体化系统的过渡。2020 年前，WIN-T 增量 4 阶段将实现动中通和抗干扰能力，将重点开发各级作战人员通用、受保护、抗干扰的"动中通"卫星通信工具，计划在 2020 年前实现。考虑到项目成本以及陆军终端的复杂性，美国陆军正在与其他相关机构确定卫星通信的需求以及卫星星座的问题。

此外，2014 年 8 月，美国陆军由全球战术先进通信系统（GTACS）合同下的 WIN-T 商业卫星终端项目经理与美国电信系统公司签署合同，购买战术便携式对流层散射通信系统。合同到 2016 年 2 月到期，价值 530 万美元，连同短期合同的价值总共达 1000 万美元，如图 6 所示。

3. 美国空军 RQ-4"全球鹰"无人机扩展卫星通信能力

2014 年 4 月，美国空军 RQ-4"全球鹰"无人机系统在位于加利福尼亚州的 Beale 空军基地完成了一系列地面和空中演示验证试验，验证利用附加的卫星通信链路提高自适应性能，以改善其任务数据传输能

图6 美国电信系统公司 AN/.TSC-198(V3)设备

力。该演示验证试验是由诺·格公司与空军合作方一起演示,在不改动飞机硬件、软件或载荷的情况下,完成不同卫星通信架构的兼容。从1月13日开始,试验验证了独立于指挥控制的专用卫星链路的能力,允许"全球鹰"无人机通过其传送任务数据。经过作战验证的"全球鹰"无人机已经完成超过11万飞行小时,搭载一系列ISR载荷,允许军事指挥官搜集近实时的图像信息,利用雷达探测地面和海上的运动或静止目标。系统支持完成反恐、反海盗、人道救援、救灾、机载通信中继与信息分发等任务。

4. 美国战术无线电系统全面发展

联合战术无线电系统的研发始于20世纪90年代末,目标是开发一系列能够实现话音、数据与视频传输的软件无线电台。联合战术无线电系统采用开放式体系结构,可在战场上按需配置模块、硬件和波形软件,最终取代美国现役的各种战术电台。2014年,美军战术无线电系统全面发展,其主要动向包括:

一是首台双通道 AN/PRC-155 便携式无线电交付美国陆军。该 AN/PRC-155 双通道便携式无线电台由通用动力 C^4 系统分部和罗克韦尔·柯林斯共同生产,经过了陆军严酷测试与评估,有助于改善士兵和指挥官的态势感知,以响应不断变化的任务条件,从而进行更快速的决策。

二是美国空军特种部队向哈里斯公司订购1500台AN/PRC-152A无线电通信设备和配件,合同金额达1950万美元。AN/PRC-152A无线电手持通信设备使用哈里斯公司的自适应网络宽带波形和士兵无线电波形,可同时提供话音和高速网络数据。自适应网络宽带波形和士兵无线电波形是联合战术无线电系统的一部分。

三是ARC-210已成为支持MUOS卫星通信的首例机载无线电设备。ARC-210 Gen5无线电取代现有的ARC-210无线电设备,其特点是软件定义的多波形体系结构,嵌入了可编程下一代加密器,并将频率扩展至941MHz,具备按需分配多址接入(DAMA)和综合波形(IW)卫星通信能力和作战无线电通信能力,支持国防部的所有战术无线电频带要求。改进的无线电设备取得了美国国家安全局(NSA)认证,可以安装在E-6B、E-2D、F-16飞机以及"海军一号"总统专用直升机和MH-60R直升机上。2014年10月,ARC-210在美国AFRL进行了为期两周的试验,展示了C-17和路易斯—麦考德联合基地的通信基站之间进行的机载MUOS通信操作,同时展示了与军方的基地MUOS无线电设备AN/PRC-155的互操作性,如图7所示。

图7 支持MUOS卫星通信的首例机载无线电ARC-210

此外,根据美国陆军发布征询书透露,其正在为特种作战司令部研发体积小、功能强大的手持卫星通信终端。陆军通信电子研发工程中心(CERDEC)的空间与地面通信局计划选取可支持低频带卫星通信的新技术和商用现货应用到该手持终端。目前,CERDEC特别关注可在15min内进行组装的小尺寸、轻重量和低能耗天线。按照计划,最理想的手持终端包含一个可提供6h供电的电源,总质量低于6.8kg,长宽高之和不大于1.14m。陆军还希望手持终端可具备低视角通信能力。该视角是指终端和通信卫星之间的角度,主要取决于通信卫星轨道位置。由于特种部队作战的特殊性,需要在全球范围内执行任务,其相对于轨道卫星的位置总是变化的,有时会形成较低视角。在较低视角情况下,卫星接近地平线,信号很容易被树木、建筑物和地形阻碍,更会受到不良环境(如大雨)的干扰。为解决这一问题,特种作战司令部希望配备具有高速数据传输能力,在各种视角和海拔情况下支持 IP话音、视频电话会议和全动态视频信号的手持终端。

5. 美、印甚低频通信系统得到进一步发展

美国空军的 B-2 战略轰炸机正在全速发展一种甚低频电台,以使 B-2 轰炸机在执行远程任务时,能与本国指挥机构进行通信。2013年12月,美国空军与罗克韦尔·柯林斯公司签署一项价值4670万美元的 B-2 轰炸机通用甚低频接收机增量1工程制造和发展合同。罗克韦尔·柯林斯公司将为 B-2 轰炸机开发一种 VLF 通信系统,包括接收机、天线和人机接口显示器等。美国的战略轰炸机通常都采用 UHF 卫星通信链路和 MILSTAR 卫星通信链路,然而这些卫星通信系统正在接近寿命期限,而其战略通信系统的替代系统——先进极高频(AEHF)卫星通信系统还需要数年才能到位。因而罗克韦尔·柯林斯公司正在开发的 VLF 电台将填补这一时期的空白。罗克韦尔·柯林斯公司将在4年内开发出该系统,该通信系统能在机载核战情况下工作和生存,并满足严格的加密要求。

此外,印度海军利用国家先进甚低频(VLF)发射台可以实现与潜艇的通信,并计划筹建一支更大的核动力潜艇分队。2014年7月,位于蒂鲁内尔威利的卡塔波曼港的印度国家先进的甚低频发射台由海军上将司令 RK Dhowan 宣布开始服役。当前,只有极少数国家具备先进的超低频通信能力,这是远程威慑巡逻中与核潜艇传递编码指令的关键。

(四)升级机载通信系统,增强隐身战机之间通信能力

2014年,美国升级 EC-130 运输机和 B-52 轰炸机队的战术通信系统,为解决隐身飞机和传统战斗机之间通信问题进行飞行试验,重点加强空中通信能力。

1. 美国空军升级 EC-130 运输机的空中警戒机载飞行通信系统

2014年4月,美国空军国民警卫队通过 AR Modular RF 公司的相关产品,提升了空中警戒 EC-130 飞机突击队个体特种作战飞机的通信能力。AR Modular 公司提供的 AR-75 射频放大器用于升级一系列的 C-130 运输机的空中警戒机载飞行通信系统。获得通信升级的航空自卫队的 EC-130 飞机是一种改良的 C-130J "大力神"四引擎涡轮螺旋桨飞机,可以执行心理战和民政广播标准的调幅、调频、高频、电视及军事通信频段任务。该 C-130J 飞机最高飞行高度为海拔28000英尺(1英尺约0.3048米),飞机会在指定的军方或平民目标受众范围内进行移动,通常在最大飞行高度执行任务,以保证最佳的传播模式。

2. 美国空军推进 B-52 轰炸机队的环境感知战术数据链的升级

2014年9月,在美国俄亥俄州怀特帕特森空军基地的空军寿命管理中心发布了 B-52 作战网络通信技术(CONECT)的生产计划。通过作战网络通信技术升级,可为飞机的机组成员提供通过卫星链路收发信息的能力,使他们能够在飞行中修改任务规划,为武器重新提供瞄准,并与其他飞机和地面部队进行更好的配合。目前,CONECT 升级合同总金额为7600万美元,所规定工作由总承包商波音公司履行。

波音先进 CONECT 航空电子为 B-52 增加了如下升级:数个通信数据链、动态地图实时智能覆盖的彩色液晶显示器、一个现代计算网络以及在飞行中重置武器或任务参数的能力。多年来,美国空军一直在

通过定期修理和周期性升级提高 B-52 轰炸机的性能,在对机队进行 CONECT 升级之前,已有一架经过改装的 B-52 飞机配装 CONECT 系统,在加利福尼亚州爱德华兹空军基地进行了实际试验。

3. 洛·马和诺·格公司分别验证隐身战机之间的通信能力

F-22"猛禽"和 F-35"闪电"Ⅱ是当前世界上仅有的投入使用的第五代隐身战斗机,而四代机包括 F-15、F-16 和 F-18。F-35 有三种型号将分别服役于美国空军、美国海军陆战队、美国海军,以及参与研制的国家和盟国。这些战斗机的网络化将有效提高互联互通能力,通信能力形成的力量倍增器将极大提升整个部队的作战效能。当前在空战中存在互相通信困难或隐身战斗机与传统战斗机不能通信的问题。为此,洛·马公司和诺·格公司分别启动机密项目"密苏里"和联合能力技术演示验证(JCTD)项目,开发并验证隐身机与传统战斗机之间的通信能力。

2014 年 3 月,"密苏里"项目进行了技术验证,促进了 F-22 和 F-35 通信问题的解决。此次验证使用美国空军 F-22、F-35 和"协同航空电子试验台"(CATbird)。该试验台是以波音 737 为基础的飞行实验室,用来测试 F-35 相关软件。验证表明,F-22 也可向 Link 16 数据链的地面终端传送数据,展示了 L-3 通信公司研发的独特通信波形,同时优化了低截获概率/低探测概率(LPI/LPD)传输,证明了空军开放式任务体系架构标准的强大。

2014 年,诺·格公司验证第五代战斗机通过现有的数据链与四代机共享信息,以提高态势感知能力和作战效能。在联合能力技术演示验证(JCTD)项目中开展的一系列作战飞行试验中,诺·格公司验证了 Jetpack 5th to 4th JCTD(Jetpack,Joint Strike Fighter Enterprise Terminal,联合攻击战斗机一体化终端)。2014 年 3 月底,在内华达州内利斯空军基地,以及 4 月初在加利福尼亚州爱德华兹空军基地进行的飞行试验,圆满完成 JTCD 项目的最后阶段。4 月的飞行试验中,Jetpack 验证了同时连接能力,以及 F-35 多功能先进数据链、F-22 机间数据链与通用Link16间的数据发送能力。JCTD项目已在提供先进的态势感知能力和提高战机作战效能方面取得了长足进步。

三、预警探测系统

预警探测系统是对外层空间、临近空间、空中、海上/水下目标进行搜索和探测，及时发现威胁性目标并实时报警的信息系统的统称，是确保国家安全的重要信息感知手段。2014年，美国继续推进从地面到空间的多层预警系统建设，提高导弹预警能力，并发展地基和天基空间监视系统，全面提升空间目标监视能力。俄罗斯则重点发展地面和空间两层预警系统，增强导弹预警能力，并启用新型地基空间监视系统，弥补空间目标监视的能力缺位。北约国家着手下一代预警机研制，日本调整预警机部署，重点增强空中预警能力。

（一）美国继续推进多层预警探测系统建设

2014年，美国继续推进空间、空中、地面、海上导弹预警系统建设，在空间，美国2颗天基红外同步轨道预警卫星投入运行，使在轨的天基红外同步轨道预警卫星达到2颗。在空中，E-2D开始部署航空母舰，将扩大航母舰队的空中预警范围。在地面，美军在日本京丹后市又部署一部AN/TPY-2型反导雷达，与已部署在日本北部青森县的第一部AN/TPY-2型反导雷达、部署在中国台湾的"铺路爪"远程探测雷达一起，可构成更大覆盖范围的地面反导预警雷达网，为美国提供更大范围内的导弹预警信息。同时，美国演示探测距离更远、探测和辨别目标时间更短的"爱国者"反导系统火控雷达，并着手用于弹道导弹中段探测的远程雷达研制，以提高对导弹的探测和预警能力。在海上，美国海军的防空反导雷达已通过关键设计评审，一旦研究成功，将大幅度提高美军海上导弹预警能力。同时，美军通过发射2颗空间监视卫星和启动地面空间监视雷达研制，来增强空间目标监视能力。

1. 启动下一代天基预警卫星的预研工作,推进现役天基红外(SBIRS)系统建设

在美国天基反导预警体系中,红外预警卫星是现役唯一的天基预警装备。截至2014年底,美军尚有4颗DSP卫星在役,正在运行的天基红外系统则由4颗卫星组成,分别为2颗同步轨道卫星和2颗大椭圆轨道卫星。此外,低轨道STSS系统共有2颗卫星在役。

2014年4月,美国空军发布下一代SBIRS备选方案分析信息征询函,基于不断出现的新威胁和新技术,敲定下一代天基红外系统的导弹探测与跟踪能力,开展光学望远镜、星上处理器和指向稳定等关键技术的论证与预研。下一代SBIRS预计在2025—2040年服役。

2013年11月,美国空军空间与导弹系统中心宣布,第2颗天基红外系统地球同步轨道卫星(GEO)投入运行。该卫星于2013年3月19日发射入轨,原计划在投入使用前需进行12个月的运行试验。然而,项目官员根据第1颗天基红外系统地球同步轨道卫星的"多项效能",决定GEO-2提前5个月投入运行。GEO-2卫星与GEO-1卫星相比,红外探测灵敏度更高、区域重访时间更短。除此之外,GEO-3星在2013年秋季已通过功能测试,计划在2015年发射。GEO-4已于2014年10月交付美国空军,计划在2016年发射。2014年6月,美国空军宣布授予洛·马公司18.6亿美元的合同,为"天基红外系统"生产GEO-5和GEO-6地球同步轨道卫星。预计,这2颗卫星将在2019年交付。届时,它将完全取代"国防支援计划"预警卫星系统。

2. E-2D预警机通过航空母舰起降试验

2013年12月,美国海军"罗斯福"号航空母舰首次弹射起飞并回收E-2D"先进鹰眼"预警机。E-2D与E-2C预警机相比,其采用的AN/APY-9有源相控阵雷达探测范围是后者配备的机械扫描雷达的1.5倍,即对地面和空中目标的探测距离更远,有助于航空母舰打击群做好战斗准备。2014年9月,美国海军成功完成了对E-2D"先进鹰眼"预警机新型空中加油系统的初步设计评估工作。该空中加油系统将用于 E-2D 的改装,以增强其续航能力。

3. 雷神公司研制并演示新型反导雷达

2013 年 12 月,美国国防部宣布授予雷神公司价值 1.727 亿美元合同,为美国导弹防御局制造第 12 部 AN/TPY-2 型反导雷达。AN/TPY-2 型反导雷达是一种高分辨率、移动式、可快速部署的 X 波段雷达,具备远程捕获、精确跟踪及识别近中程弹道导弹的能力。它既可作为"末段高空区域防御武器系统"(THAAD) 的搜索、跟踪、识别、火控雷达,也可作为前沿部署的预警雷达,探测、识别和跟踪敌方弹道导弹,并向弹道导弹防御系统提供预警信息。2011 年 4 月 15 日,1 部前沿部署的 AN/TPY-2 型反导雷达成功引导 1 枚远程发射的"标准"-3 导弹,成功拦截了 1 枚中程弹道导弹靶标,扩大了作战空间。截至 2014 年 10 月,雷神公司已经向美国导弹防御局交付 10 部 AN/TPY-2 型反导雷达,其中 1 部于 2006 年部署在日本北部的青森县;1 部于 2014 年 10 月运抵日本京丹后市经岬分屯航空自卫队基地,计划年底投入运行;3 部部署在以色列、土耳其和卡塔尔;另外 5 部用作 THAAD 系统的火控雷达。未来,美国有可能在菲律宾部署 1 部,并在本土的东北部部署 1 部,以跟踪来袭导弹。

2014 年 7 月,雷神公司成功演示了采用氮化镓器件的"爱国者"防空反导雷达样机。该雷达能实现 360°的覆盖范围、探测距离更远、探测和辨别目标时间更短、可靠性更高、全寿命周期成本更低。雷神公司认为,地面有源相控阵雷达技术的未来发展方向是采用氮化镓器件。该公司开发氮化镓技术已有 15 年历史,投入资金已超过 1.5 亿美元,技术成熟度已达 8 级。氮化镓技术在"爱国者"有源相控阵火控雷达的应用,将使"爱国者先进能力"-3(PAC-3) 导弹防御系统的作战性能进一步提高。

4. 海军防空反导雷达项目成功通过关键设计评审

2014 年 6 月,海军在给国会的《部分武器装备采办报告》中透露了防空反导雷达项目的细节。该项目总经费已由原来的 150 亿美元下调为 58 亿美元。2013 年 10 月,雷神公司击败诺·格公司和洛·马公司,获得在2016—2026年制造22套防空反导雷达的合同。首批12套防空反导雷达将集成雷神公司的S波段雷达、雷达套件控制器和诺·格公司的AN/SPQ-9B雷达,并将装备首批12艘新型DDG-51 FlightⅢ型舰艇。其中,S波段雷达用于体搜索,AN/SPQ-9B雷达用于目标的精确跟踪。AN/SPQ-9B雷达是一种脉冲多普勒雷达。它能在强海杂波和干扰环境下跟踪雷达反射截面积很小的低空飞行反舰导弹。其余9套防空反导雷达将集成雷神公司的S波段雷达、雷达套件控制器和新研的X波段雷达。新研的X波段雷达将于2022年投入使用。它将用于目标的精确跟踪。2014年7月,防空反导雷达项目成功通过了关键设计评审。雷神公司计划在2015年建造一部雷达,2016年进行测试。

5. 美国导弹防御局发布"远程识别雷达"招标书

2014年8月,美国导弹防御局发布远程识别雷达(LRDR)招标书。招标书中提出,该雷达将用于弹道导弹中段防御。它可持续跟踪并识别来自太平洋地区的远程导弹威胁,为海基X波段雷达部署提供更大的灵活性。招标书要求对S波段单面阵雷达、单面填充的S波段双面阵雷达、双面填充的S波段双面雷达进行成本估算,并对该雷达部署在阿拉斯加州阿留申群岛的艾瑞克森空军基地和安德森市的克利尔空军基地进行成本估算。远程识别雷达的性能指标作为机密没有在招标书草案中提及,但是美国导弹防御局在2014年3月的信息发布征求建议书中提供了一个简短的列表说明:能执行精确定位、识别与作战效果评估的工作频段;给定灵敏度孔径下的局部视场及全视场;抗干扰,低能耗,软硬件能复用,采用开放式软件架构。2015财年,导弹防御局为远程识别雷达申请了7900万美元资金,并在《未来几年国防计划》(2015—2020财年)中建议,该雷达的研发、试验与鉴定资金为6.6亿美元,并计划于2020年之前,将其部署在美国空中国民警卫队第213空间预警中队。

6. 美国空军成功发射2颗空间监视卫星

2014年7月,美国空军根据"地球同步轨道空间态势感知"

（GSSAP）计划，成功发射2颗空间监视卫星。GSSAP卫星能监视可能对美军地球同步轨道卫星造成威胁的目标。它部署在地球同步轨道附近，对观测地球同步轨道目标具有独特的优势，能监视2300个空间目标（包括小到直径为10cm的空间目标）。它由轨道科学公司制造，配备有光电传感器，在执行监视任务时可根据不同监视方向的需要，在近地同步轨道上下机动。该卫星将由施里弗空军基地第一空间作战中队控制。另外2颗GSSAP卫星计划于2016年发射。在发射这2颗空间监视卫星之前，只有一颗"天基空间监视"系统Block 10(SBSS Block10)卫星在轨执行空间监视任务。GSSAP卫星的发射无疑将提升美国空军的空间监视能力。

7. 美国空军正式启动新一代空间篱笆系统研制

2014年6月，美国空军与洛·马公司签署9.14亿美元的合同，研制S波段地面有源相控阵雷达，提高空间监视能力。目前，空间的卫星每天受到数万个目标(空间碎片)的威胁。洛·马公司提出的空间篱笆系统方案包括2部先进的地基S波段雷达，将提高探测、分类和编目空间目标的能力。与20世纪60年代服役的"空间篱笆"系统相比，新一代空间"篱笆系统"能以更高的精度定位与跟踪目标。它能探测直径为5cm的空间目标，而第一代"空间篱笆"系统只能探测直径为30cm的空间目标，"空间篱笆"系统空间目标编目数为前一代系统的10倍，将达20万个，从而将极大地提高美军的空间态势感知能力。"空间篱笆"系统按计划将在2018年达到初始作战能力。未来8年，投入经费将达到15亿美元。

（二）俄罗斯重点发展新一代天基导弹预警系统与地面监视系统

2014年，俄罗斯已完成第一颗新一代预警卫星发射前的准备工作，并正式启用29B6型"集装箱"超视距雷达，以增强导弹预警能力。"窗口"空间监视系统即将投入战斗值班，有望提高空间监视能力。

1. 新一代导弹预警卫星正在加紧研制

2014年10月,俄罗斯明茨无线电技术研究所总设计师谢尔盖·波耶夫透露,俄罗斯新一代导弹预警卫星系统——"统一空间系统"(EKS)的首颗预警卫星将于2015年发射。该星不仅是预警卫星,还可兼做紧急情况下的通信卫星,称为"产品14F142"。俄罗斯从2000年以来一直在研制"统一空间防御系统",最初计划在2009年进行空间测试,但是进度一再拖延。据俄罗斯媒体称,14F142卫星将由"联盟三级"运载火箭发射至高椭圆轨道。该卫星的工作寿命将是"眼睛"预警卫星的2倍。它能探测弹道导弹、潜射弹道导弹和巡航导弹的发射。除探测导弹的发射外,它还能够计算导弹的飞行参数,为地面雷达站提供锁定导弹所需信息。在首颗预警卫星发射前,俄罗斯军方对谢尔普霍夫-15地面站进行了升级,使其能对14F142卫星进行控制。

目前,俄罗斯只有2颗"眼睛"系列高椭圆轨道预警卫星(2006年发射的COSMOS-2422、2008年发射的COSMOS-2446)在轨运行。2012年3月,俄罗斯发射的最后一颗同步轨道COSMOS-2479预警卫星于2014年4月停止运行。目前,俄罗斯天基预警能力的不足主要是依赖地面远程预警雷达(如"沃罗涅日"雷达)的预警能力来弥补。新一代预警卫星的部署将使俄罗斯的天基导弹预警能力大幅提升。它获取的目标信息将可实时地传输给谢尔普霍夫-15的地面站(靠近莫斯科的西部指挥中心)、东部指挥中心的地面站(靠近阿穆尔河畔共青城)和索尔涅奇诺戈斯克指挥中心进行处理,其预警信息将为莫斯科A-135反导系统的反导作战提供较长的预警时间。俄罗斯空天防御部队副司令阿纳托利·涅斯捷丘克11月29日表示,2018年前,俄空天防御部队有望建成由10颗新型军用卫星组成的统一空间防御系统,为整个导弹预警体系提供可靠的空间保障,而该系统的首颗卫星将于2015年发射。俄导弹预警系统能监视全球导弹发射,2014年以来记录了所有外国导弹发射的情况。

2. 按期部署"沃罗涅日"系列雷达,将提前完成全境覆盖

2014年9月,俄罗斯南部伊尔库茨克州米舍廖夫雷达站第2部"沃罗涅日"-VP雷达完成国家试验,达到值班状态。2014年12月,西部加里宁格勒的1部"沃罗涅日"-DM雷达完成5个月的测试,实现完全作战值班状态。此外,东南部阿尔泰地区和克拉斯诺亚尔斯克地区的2部"沃罗涅日"-DM雷达将进入试验作战值班状态,预计到2015年达到完全服役状态。

截至2014年12月,俄罗斯共装备8部"沃罗涅日"雷达,预计在2018年共部署12部,比原计划的2020年提前2年完成俄罗斯的全境预警覆盖。

3. 延长哈萨克斯坦境内雷达租期,重启原乌克兰境内"第聂伯河"雷达

2014年10月,俄罗斯与哈萨克斯坦协商延长巴尔喀什湖雷达站的"第聂伯河"导弹预警雷达的租借期。该雷达的性能与美国弹道导弹预警系统(BMEWS)早期采用的FPS-50雷达相当,可覆盖中国西部、中东部分地区、巴基斯坦和印度北部等地。

2014年10月,随着克里米亚境内塞瓦斯托波尔市公投加入俄罗斯联邦,俄罗斯决定对该地区的"第聂伯河"远程预警雷达进行系统升级,采用全新计算机,计划在2016年实现完全作战能力。

4. 大批换装新型防空雷达装备,提高新型装备比重

根据俄罗斯国家军备计划,空天防御部队将采购300多套新型雷达,并逐步取代现役雷达,到2020年前新雷达装备的比重将达到80%,且现有全部系统将完全实现自动化。同时,重点防御方向上的换装速度将会更高,例如莫斯科防区的值班雷达到2015年前将更新一半。

2014年5月,俄罗斯交付了5套全高度防空预警雷达,并交付10多套经过现代化改造的雷达系统,包括"伽马"-S、"天空"-U、Desna、卡斯特等。

5. 新型双基地远程超视距雷达正式启用

2013年12月,俄罗斯空天防御部队正式启用29B6型"集装箱"超视距雷达系统,并将其部署在俄罗斯西部军区。目前,第2套29B6型

"集装箱"雷达系统正在俄罗斯西部军区研制,计划于2018年服役。29B6型"集装箱"雷达为双基地雷达系统,具有独立的发射器和接收器,发射器与接收器之间的距离相隔250km,具有较强的隐身目标探测能力。

29B6型雷达的工作频率为3~30MHz,信号反射到电离层以提供超视距探测能力。通过采用单跳信号,其精度比冷战时期的超视距雷达有明显改进,可监视3000km外的目标,探测目标包括巡航导弹、无人机等高机动性空中目标。

6. "窗口"空间监视系统即将投入战斗值班

2014年6月,俄罗斯空天防御部队对位于塔吉克斯坦"窗口"空间监视系统进行了状态测试,之后将投入战斗值班。该系统是俄罗斯空间态势全球监视一体化信息系统的主要组成部分。俄罗斯还将在境内建设"窗口"空间控制系统的无线电和光电综合设施。"窗口"空间监视系统位于塔吉克斯坦帕米尔高原海拔2200m的山上,可探测跟踪2000~40000km轨道高度的任何空间物体。它不仅可提供空间态势的相关信息,还可识别人造空间物体的类别及运行状况。

2014年9月,俄罗斯表示将在未来4年建设新一代空间目标监视系统,包括先进激光光学地面站和雷达站,扩大受监控轨道的范围,可探测目标的大小缩小到当前水平的1/2~1/3。第一批站点将部署在俄罗斯南部阿尔泰地区和海滨地区,到2018年将部署10多个先进的空间监视站。

(三)主要军事国家加快预警机的研制与部署

2014年,北约和东亚国家重点发展预警机,以提高空中预警能力。北约国家一边着手发展具有弹道导弹探测能力的下一代预警机,一边对现有预警机进行改进,如法国已完成1架E-3F预警机的改进。日本调整E-2C预警机的部署,将原部署在本州三泽基地的4架E-2C调往南部的那霸基地,试图增强对日本南部周边岛屿的预警能力,同时,日本打算自行研制预警机,以替代现役的预警机。

1. 北约国家着手下一代预警机研制,并对现有预警机进行升级

2014年4月,美、英、法、德、意的国防部领导人在布鲁塞尔召开的会议上讨论了在2030—2040年应用更强大的预警机队取代现役E-3预警机的事宜。为新机考虑的能力之一是提升对战区弹道导弹防御能力。北约组织工业咨询组正准备提供装备解决方案建议,并已开始研究下一代预警机需要哪些新技术。主要考虑的是为下一代预警机配装跟踪弹道导弹传感器,可探测来袭弹道导弹,向陆基拦截器提供瞄准数据。这一能力与其他已规划的海上监视、情报支援、指挥控制等能力相结合,将使下一代预警机的能力远远超越目前的E-3预警机。同时,部分北约国家正在对现役预警机进行升级,如法国空军于8月接收了第1架升级的E-3F预警机。这次升级是由美国波音公司和法航工业&荷兰航空维修公司于2月完成的。升级的机载装备包括机载预警和控制系统显示器、敌我识别系统、Link 16数据链、作战管理工具,其中任务控制台的数量从10个增加到14个。法国空军的其他3架E-3F预警机的升级计划于2016年完成。

2. 日本在冲绳那霸基地部署4架E-2C预警机,采购4架E-2D

日本已于2014年4月正式在冲绳那霸基地成立一支预警机中队。该中队装备4架E-2C预警机,人员数量将达到130人。日本宣称,此举的目的主要是加强对冲绳群岛南部岛屿的监控。目前,日本航空自卫队一共装备有13架E-2C预警指挥机,全部部署在本州三泽基地,此次部署那霸基地的E-2C均从三泽基地调拨。

2014年11月,日本防卫省选择4架E-2D作为航空自卫队的新型预警机,并于2017年部署在那霸基地。

四、情报侦察系统

情报侦察系统是利用各种平台、侦察装备和技术手段获取敌方情报,并对情报信息进行处理、存储和分发的信息系统。它是战场态势感知系统的重要组成部分。2014年,美、日推进天基侦察系统发展,提高对地监测能力。美国家侦察局成功发射一颗"黄石"雷达成像侦察卫星。谷歌数字地球公司发射一颗可用于军用的"世界观测"3高分辨率对地观测卫星,使美军对地侦察能力进一步提高。日本发射一颗先进对地观测卫星,提高海洋监视能力。同时,各国加强以无人侦察机为主体的空基侦察装备发展,提高空中侦察能力。美国战术无人侦察机研制进入方案选择阶段。俄罗斯察打一体化侦察机即将进行测试。印度发展中空、长航时无人侦察机。此外,各国积极发展海上侦察装备,增强海上监视能力。美国计划研制新型海上巡逻机。首架无人海上巡逻机已实现跨本土飞行。印度已从美国接收4架P-8I海上巡逻机。

(一)美、日、意推进天基侦察系统发展,提高对地观测能力

侦察卫星可进行远距离、大范围侦察,是实施战略侦察的重要手段。2014年,美国家侦察局发射"黄石"高分辨率雷达成像卫星,谷歌数字地球公司发射可为军方提供服务的高分辨率商用对地观测卫星,使美军战略侦察能力进一步增强。日本发射一颗合成孔径雷达对地观测卫星,将提高对海洋的全天时监视能力。意大利投资发展第二代雷达对地观测卫星,以提升战略侦察能力。

1. 美国成功发射新型雷达成像侦察卫星

2013年12月6日,一颗"黄石"(Topaz)雷达成像侦察卫星从位于加利福尼亚州的范登堡空军基地发射升空。该"黄石"雷达成像侦察卫星的轨道介于2010年和2012年发射升空的两颗"黄石"雷达成像卫星轨道之间,形成由3颗雷达成像卫星组成的星座。按计划,该星座将包括5颗"黄石"雷达成像侦察卫星,因此,美国还将发射2颗"黄石"成像侦察卫星。"黄石"雷达成像侦察卫星是"长曲棍球"雷达成像卫星的后继卫星,其体积是"长曲棍球"雷达成像卫星的一半,但探测性能却成倍提高。"黄石"雷达成像侦察卫星是美国国家侦察局"未来成像结构"计划的一部分。2005年,国家侦察局局长建议取消计划中的光

学侦察卫星研制部分,但雷达成像侦察卫星的研制仍继续进行,并指定由波音公司负责研制。到2013年,"未来成像结构"计划已花费100亿美元。由于雷达成像卫星具有全天候侦察能力,"黄石"卫星的部署将有助于提高美军的全球侦察监视能力。

2. 谷歌数字地球公司发射高分辨率商用对地观测卫星

2014年8月,谷歌数字地球公司成功地发射了世界上分辨率最高的商用对地观测卫星——"世界观测"3。"世界观测"3的轨道高度为617km,环绕地球运行一圈需97min,重访周期少于一天,服务寿命为10~12年。它是第一个多载荷、超光谱、高分辨率的商用光学侦察卫星,配有超高分辨率的光学传感器、大气探测仪和一个Exelis公司的1.1m孔径的望远镜。它可提供黑白或者彩色地面图像。"世界观测"3卫星的传感器可以对地面任一区域扫描,通过29种不同颜色波段生成29种图像,然后对数据进行处理,形成不同的产品。服务的对象包括美国政府部门(包括军方和情报部门)、农业、石油燃气业,以及科研人员和土地开发商等。

"世界观测"3卫星具有非常强大的观测能力,全色分辨率为0.31m,多谱线分辨率为1.24m,短波红外线分辨率(SWIR)为3.7m,每天观测的范围为680000km^2。其大气校正设备(CAVIS)的分辨率为30m。除了极强的观测能力外,它还具有非常快速的数据传输能力,每秒可以向地球发回1.2GB的数据。

此前,谷歌数字地球公司已发射5颗对地观测卫星,其名称及分辨率分别是:"伊克诺斯"(Ikonos),82cm;"快鸟"(QuickBird),61cm;"世界观测"1(WorldView 1),50cm;"世界观测"2(WorldView 2),46cm;"地球之眼"1(GeoEye 1),41cm。连同本次发射的"世界观测"3,该公司每天可观测到的区域范围高达4000000 km^2,几乎可覆盖美国一半的领土。这些卫星可以分辨森林中树木的类型,检测农作物的健康程度和土壤的湿度等。

3. 日本成功发射海洋监视合成孔径雷达卫星

目前,日本天基对地侦察系统采用四星体系,雷达型的分辨率为

1m,光学型的分辨率为60cm。2014年10月,日本宣布未来对地观测计划,新一代光学侦察卫星的分辨率将升至25cm,并于2015年开始研制,2021年发射升空。

5月23日,日本"先进对地观察卫星"-2(ALOS-2)合成孔径雷达卫星成功发射升空。日本第一颗对地观察卫星因使用寿命到期,已于2011年停止使用。"先进对地观察卫星"-2则是接替它的后续卫星。该卫星可用于海啸、台风、地震等自然灾害造成的受灾程度的早期预测,也可承担海洋监视功能,设计寿命为5年。作为日本宇航开发机构的下一代对地观测卫星,2t重的ALOS-2卫星载有L波段(1.24~1.28GHz)相控阵合成孔径雷达。该雷达的天线尺寸为9.9m×2.4m,能提供条带、聚束和扫描工作方式。当它工作在条带模式时,能提供3~10m的分辨率,50km或70km的测绘带宽度;当它工作在聚束模式时,能提供1~3m的分辨率,25km的测绘带宽度;当它工作在扫描模式时,能探测350km外的小船。该卫星还携带了一部称为Spaise2的天基自动识别实验系统,其内含的自动识别系统接收机可接收和中继海上舰船自动发出的信号,能对海上船只进行识别。与第一颗先进对地观察卫星相比,"先进对地观察卫星"-2的探测区域从970km扩大到2320km。该卫星还载有三菱公司的轻便型红外照相机,可探测森林火灾。

4. 意大利投资发展第二代雷达观测卫星

2014年8月,意政府同意投入6660万欧元(8800万美元),设计第二代高分辨率对地观测雷达卫星星座。主承包商阿尔卡特—阿莱尼亚公司和地面服务供应商空间通信公司不久宣布,分别获得4360万欧元和2300万欧元的研制合同。

第一代高分辨率对地观测雷达卫星星座由4颗卫星组成,为军事用户提供0.7m分辨率的对地成像能力,并为非军事用户提供1~100m分辨率的对地成像能力。这4颗卫星已于2007年6月至2010年11月发射,使用寿命为5年,最大视场为200km×200km。第二代高分辨率对地观测雷达卫星星座由 2 颗卫星组成，使用寿命为 7 年。为确保在第一代和第二代系统之间不会出现业务中断，意政府同意投入 6660 万欧元（8800 万美元），设计第二代高分辨率对地观测雷达卫星星座。其第一颗卫星必须在 2017 年投入运行，第二颗卫星必须在 2018 年运行。第二代系统成本估计约为 4 亿欧元。波兰国防部决定以 2.5% 的股份参与该项目，提供一些财政资助。

（二）各国加快以无人机为主体的空基侦察装备发展，提高态势感知能力

2014 年，各国研制的空基侦察装备以无人机为主。美军在无人侦察机感知规避能力和自主控制能力研究方面，已取得重大进展。DARPA 已初选出两家公司为其研制"战术侦察节点"无人机。俄罗斯察打一体化无人机研制取得新进展，将于 2015 年进入测试阶段。印度采购以色列的"苍鹭"中空、长航时无人机，用于中印边境的空中巡逻。

1. 美国"战术侦察节点"无人机已进行方案选择阶段

DARPA 的"战术侦察节点"无人机项目的第一阶段选定 5 家企业，通过竞争的方式来开发一款可用于持久侦察监视和打击的中空长航时无人机。该机有效载荷为 272kg，可在 1666km 外舰船上进行操作和控制，并可在阿利·伯克级驱逐舰的飞行甲板上起降。它的性能与"捕食者"等中空、长航时无人机类似。项目的主要目的是使美军在全球范围内开展持久侦察和打击更容易和快速。最终，诺·格公司和航空环境公司从 5 家公司中脱颖而出，获得该项目第二阶段合同，开展无人机的初步设计。2014 年 9 月，DARPA 分别授予诺·格公司和航空环境公司第二阶段合同，合同金额均为 1900 万美元。该项目第二阶段预计在 2015 年 9 月底完成，DARPA 将从这两家公司的设计方案中优选出一种，进行全尺寸样机研制，并验证其发射和回收技术。该无人机预计将在 2016 财年第四季度进行飞行试验。

"战术侦察节点"无人机可在无前方基地或地面站支持情况下，执行对陆地纵深区域的侦察监视和打击任务。大的活动半径使其可以抵达较远区域,长航时使其可以在稍纵即逝目标的相关区域执行持久侦察监视和打击。DARPA要求"战术侦察节点"无人机能在濒海战斗舰、DDG-51驱逐舰、圣安东尼奥级两栖舰、惠德比岛/哈珀斯费里级登陆舰以及其他由军事海运司令部管理的舰船上起降。由于世界大陆约98%的区域位于离海岸线1667km区域内,"战术侦察节点"无人机能在多种舰船上使用,将使其快速、灵活抵达热点区域进行侦察监视和打击,从而将极大地提高美军的态势感知能力和攻击能力。

2. 美国国防部报告称无人侦察机感知规避能力研究取得重大进展

美国国防部于2014年8月向国会递交的一份报告称,在无人侦察机感知规避技术开发方面已经取得重大进展。美国空军已于2013年完成陆基感知规避(GBSAA)系统的研发,并于2014年4月获得运行批准。美国海军陆战队已经在北卡罗莱纳州的切利角海军陆战队航空站部署了陆基感知规避系统。美国陆军已完成对该系统的认证并将其部署在通用原子能公司生产的5架MQ-1C"灰鹰"无人机的作战任务地点。通用陆基感知规避系统的能力可使无人侦察机避免与周围飞行的飞机碰撞。同时,美国空军开发通用机载感知规避系统。2005年,美国空军研究实验室(AFRL)启动了多入侵者自主规避(MIAA)项目。通过MIAA项目,美国空军获得了实现自主感知规避所需的传感器技术和算法。这种自主感知规避能力是可扩展的,并与传感器和平台无关。安装在试验机上的多入侵者自主规避系统展示了通用机载感知规避系统的能力。在北美五大湖区进行的试验中,试验机通过对无人机自动驾驶仪的控制,在管制空域规避了多架民用飞机。通用机载感知规避系统已从AFRL转运到空军全寿命周期管理中心,正式进入国防部的采办程序。

3. 美国无人侦察机已获得更强的自主控制能力

2014年4月,洛·马公司将Kestral飞行控制系统和移动地面控制站软件相结合,提高了无人机的自主控制能力,使操作员可以将更多的注意力集中于任务本身,而不是飞机的驾驶控制。年初,洛·马公司的

"沙漠鹰"Ⅲ无人侦察机的飞行控制已展示了这种能力。

移动地面控制站软件系统由洛·马公司的 VCS-4586 软件平台改进而成。它能统一协调多个控制器和软件程序,能管理不同类型无人机的作战任务。该软件采用开放式架构,能运行在便携式计算机和手持式控制器上。它还包括一个能与其他制造商的无人机平台相兼容的、相对完整的软件开发工具包,可减少集成问题,降低设备维护费用。该软件系统具有直观的界面、先进的告警系统,能提供注意事项和操作建议,并可通过用户友好的触摸屏和可供选择的操纵杆供操作员操作。操作员可以使用该软件来设置多种不同的飞行模式。它能为无人机提供控制、导航、制导、运行状况监测以及无线通信能力。

4. 俄罗斯察打一体化无人机将于 2015 年试飞

2014 年 9 月,莫斯科无线电工程研究所首席执行官对俄新社透露,俄罗斯 Chirok 察打一体化无人机将于 2015 年开始测试。Chirok 无人机的飞行高度为 6000m,航程 2500km,最大起飞重量 700kg,有效载荷达 300kg。它可以携带各种类型的光电监控设备、炸弹、火箭和高精度导弹。它有三种型号,可用于侦察,也可以作为能够携带武器的进攻作战无人机。

5. 印度计划把采购的"苍鹭"无人机部署在中印边境

2013 年末,印度从以色列购买了 15 架"苍鹭"无人机,计划将其部署在中印边境,进行空中巡逻。目前,印度已经拥有 25 架升级型的"苍鹭"无人机。"苍鹭"无人机是一种中空、长航时无人机,巡航速度为 100km/h,持续飞行时间可达 52h,飞行高度可达 10km,可搭载 250kg 的有效载荷,装载有红外、可见光探测器、雷达等侦察监视装备。

(三)美、印发展海上侦察装备,提升海上侦察监视能力

2014 年,美国海军首架"海神"高空、长航时无人机完成横跨美国大陆飞行,即将投入海上反潜巡逻。同时,美国波音公司公布新型海上侦察机发展计划,以进一步提升海上侦察监视能力。印度已从美国接

收4架先进的P-8I反潜巡逻机,将提升其反潜巡逻能力。

1. 美国波音公司公布新型海上侦察机计划

2013年11月在迪拜航展上,波音公司宣布将联合庞巴迪公司进行新型海上侦察机研制。新型侦察机将以庞巴迪公司的"挑战者"605商用机为平台,以美国海军P-8A海上巡逻机的任务系统为基础。新型海上侦察机将装备一部Seaspray雷达,光电/红外成像系统和电子支援措施系统。该侦察机当前设计的配置将装备武器,但可能会根据客户要求进行调整。飞机将提供用于沿海边境安全检查、远程搜索等任务所需的功率、有效载荷能力、航程、航速和续航能力,成本预计只有当前P-8A反潜机的1/3,计划2014年年底首飞。

2. 美国海军首架"海神"高空、长航时无人机完成横跨美国大陆飞行

海军首架MQ-4C"海神"(Triton)无人机于2014年9月18日从诺·格公司位于加利福尼亚州棕榈谷的工厂起飞,经过11h飞行抵达马里兰州海军航空站,首次完成横跨美国大陆的飞行。它将在航空服务测试中心进行测试和评估,然后参与海上巡逻。MQ-4C"海神"无人侦察机是RQ-4"全球鹰"无人侦察机的改进型。它配备AN/ZPY-3多功能相控阵雷达、电子监控系统、光电/红外传感器和卫星通信数据链,主要用于海上情报侦察监视。其AN/ZPY-3多功能相控阵雷达能提供360°的覆盖,并能提供逆合成孔径雷达工作模式,非常适合海上大范围侦察监视。该机飞行高度可达18.53km,持续飞行时间可达24h,并能探测1853000km^{2}的海域。根据广域海上监视计划研制的MQ-4C"海神"无人侦察机将与P-8A和P-3C海上巡逻机搭配执行海上巡逻任务。首支"海神"无人侦察机编队将驻扎在杰克逊维尔海军航空站,预计于2018年将部署到关岛。美国海军航空系统司令部MQ-4C"海神"无人海上侦察机项目经理透露,海军可能减少该机的采购量。其需求主要满足5个巡逻区的巡逻需要。每个巡逻区需要4架,一共至少需要20架,若考虑机库维护和消耗储备的飞机,海军最初打算购买68架。鉴于其可靠性比海军预期的要高。这样,海军有可能减少"海神"无人侦察机的采购量。MQ-4C项目正朝着2017年装备2架目标进行推进。2017年,MQ-4C将装备具有感知规避能力的雷达,从而使MQ-4C可以探测到附近的飞机并做出机动。目前,MQ-4C无人侦察机装备的是广播式自动相关监视系统和空中防撞系统。这些系统能使MQ-4C避开装备应答机的飞机,但无法避开未装备应答机的飞机。美国海军希望在2020年获得具有感知规避能力的雷达解决方案。

3. 印度采购P-8Ⅰ海上巡逻机计划过半

2014年5月,波音公司向印度海军交付第4架P-8Ⅰ反潜巡逻机,随着这架飞机的交付,P-8Ⅰ项目已达到一半的交付量(印度总共订购了8架P-8Ⅰ)。这架飞机于5月21日从波音公司位于美国西雅图的基地飞抵印度海军Rajali航空站。P-8Ⅰ海上巡逻机是波音公司为美国海军生产的P-8A"海神"巡逻机的变型机。它配有美国电话电报公司的APS-143(V)3"海上鹰眼"(OceanEye)雷达和磁异常探测器。它配备的海上监视雷达和光电/红外多频谱传感器可探测浮上水面的潜艇和海上目标。APS-143(V)3是一部多模式海上监视雷达,具有搜索、小目标探测、动目标指示、合成孔径雷达和逆合成孔径雷达等工作模式,能探测370km外的目标,成像分辨率可达1m,主要用于远距离海上监视与识别,能为磁异常探测器提供目标引导。而磁场异常探测系统能根据地球磁场变化,探测和定位潜艇。

五、电子战系统

2014年,各军事强国电子战系统快速发展。政策方面,美国国防部发布新版《电子战政策》更新电子战管理指令;美国陆军首次发布赛博空间军事作战官方条令,指导和规范包含网络空间域内的电子战实施。系统方面,空海电子战系统均取得进展,如水面电子战改进项目、下一代干扰机、智能电子战系统、机载新型电子战系统,定向能武器发展迅速,高功率微波导弹即将可使用,舰载激光武器完成测试。

（一）美国频发电子战作战指令，用以指导新体系下的电子作战

2014年，美国相继发布了《战场手册3-38：赛博电磁作战》《电子战政策指令》，指导赛博空间下的电子战，规范美军电子战相关部门的职责。

1. 美国陆军发布《战场手册3-38：赛博电磁作战》

2014年2月，美国陆军首次发布赛博空间军事作战官方条令，即《战场手册3-38：赛博电磁作战》（以下简称《手册》），旨在为陆军赛博电磁作战提供总体的原则、策略和流程指导。

《手册》分为"赛博电磁作战基础""角色、职责和机构""赛博空间行动""电子战""频谱管理活动""活动流程""与联合行动伙伴间的融合"七部分。《手册》定义了赛博空间行动、电子战、频谱管理活动等相关术语。赛博电磁作战的要素包括攻击性赛博空间作战、防御性赛博空间作战、国防部信息网络、电子攻击、电子防御、电子战保障、频谱管理活动，同时明确了在这些要素中扮演关键角色的人员。《手册》指出，赛博空间行动包括赛博空间攻击行动、赛博空间防御行动、国防部信息网络行动。《手册》还指出，电子战包括电子攻击、电子防御和电子战支援。与电子攻击相关的任务包括电磁欺骗、电磁入侵、电磁干扰、电磁脉冲、电子探测；与电子防御相关的任务包括电磁防护、电子屏蔽、发射控制、电磁频谱管理、战时储备模式、电磁兼容性；与电子战支援相关的任务包括电子侦察、电子情报、电子安全。同时，《手册》明确了实现频谱管理活动所必须遂行的任务：人员协调、电子战协调、联合受限频率列表协调、通信安全协调、卫星协调、频率冲突解决、频率干扰防范。此外，《手册》还要求从多方面考虑将赛博电磁作战融入联合行动。

《手册》将赛博电磁作战列入陆军统一地面行动，可以为指挥官和士兵开展赛博电磁作战提供总体的作战原则、策略和流程指导；更好地

指导他们在作战环境中开发创新方法，以获得、保持和利用优势；同时帮助陆军在军事行动中实现组建、运营和保护网络，攻击和利用敌人或对手的系统，增强态势感知能力，保护个人与平台安全的目的。

2. 美国国防部发布新版《电子战政策》指令

2014年3月26日，美国国防部发布新版《电子战政策》指令，这是国防部20年来首次更新电子战管理指令，正式授权美国战略司令部牵头负责电子战任务领域，弥补了国防部在电子战管理方面的不足。新出台的《电子战政策》指令，进一步规范了美军电子战能力发展所遵循的政策和国防部各部门的电子战职责。

其政策方面主要包括以下13个方面：

（1）通过在国防部内部各机构间共享电子战战术、技术、流程，促进电子战能力的同步发展，整合电子战能力，使电子战能力成为跨领域的联合作战能力。

（2）发展并采办可有效支持联合电磁频谱作战的电子战系统。

（3）为支持各军事作战任务，明确可高效控制电磁频谱的电子战需求的优先级，并根据优先级做出相应调整。

（4）将电子战与各军种作战任务和计划活动相整合，尤其是将电子战与常规作战任务和非常规战、信息战、空间战、网络战和导航战进行整合。

（5）尽可能将电子战能力、战术、技术和流程纳入到联合演习和训练体制内。

（6）提供电子战的训练场、训练设施、电磁频谱资源，以及电子战训练和能力发展所需的测试站点。

（7）发展和采办电子战系统、自动计划系统、联合电磁频谱数据库、电子战训练和反馈系统，以及所有情报信息资源，以满足电子战/电子防护重点指导委员会的投资发展战略的需求。

（8）在作战环境下，通过系统生命周期和电磁保障风险评估文件中的电磁防护需求，验证依赖电磁频谱的系统能力。

（9）鼓励在国内，以及美国与其盟国间联合发展电子战系统、应用电磁频谱联合作战战略。

（10）评估美国及其盟国依赖电磁频谱的系统、子系统和设备之间彼此的电磁干扰相关的电磁兼容性和潜力。

（11）为整个电子战系统生命周期及其相关数据库提供有效情报支撑，尽最大可能确保美国的盟国和适当的外国军事任务合作方可使用相关数据库。

（12）开展针对主要电子战威胁的综合评估，跟踪预期的或潜在敌军的重大电子战技术和战略的发展趋势。

（13）鼓励协作发展电子战系统，鼓励跨部门电子战训练。职责方面主要明确了战略司令部在识别和确定联合电子战能力的优先级方面的领导地位，美国战略司令部将与联合参谋部和国防部部长办公室共同全面推进电磁频谱联合作战政策的制定和完善，加强对电子战和频谱的管理。此外，美国战略司令部将负责为其他司令部提供电子战突发事件的支持，监督联合电子战的训练，协助完成电磁频谱联合作战任务的计划制定、执行和评估。

不过，新指令对目前普遍关注的与电子战密切相关的部分问题并未说明。新指令没有清晰阐述战略司令部联合电磁频谱控制中心的电子战职责，也没有谈及网络空间行动，尤其是电子战与网络空间行动之间的关系，由于美军网络空间行动的概念也在发展，目前尚无法在国防部层面就网络空间行动与电子战的关系形成清晰界定。

（二）美、俄重点发展空海电子战系统，取得多项进展

机载和海军平台电子战系统在过去10年间已统领国际电子战市场，仍是重点发展对象。同时，可集成至无人机上的小型电子战系统也正逐步加强。

1. 俄战斗机安装新型电子战系统

2014年4月，俄罗斯"信号"雷达工厂总经理亚历山大·罗格维诺

夫宣布:俄罗斯未来战斗机 T-50(PAK FA,如图 8 所示)将安装由该厂生产的"喜马拉雅"电子战系统。早先苏霍伊公司向俄罗斯空军转交了第一架用于国家试验的 T-50 样机。飞机已到达阿赫杜宾斯克奇卡洛夫 929 国家飞行试验中心的机场。第一阶段国家试验预计在 2015 年完成,从 2016 年开始向部队交付批生产型作战飞机。目前,在茹科夫斯基格洛莫夫飞行研究院正在进行第四架 T-50 飞行样机的试验,以及两架飞机的地面台架试验。地面台用于静力试验。根据计划,已经进行了 T-50 飞机的气动特性、稳定性和操纵性评估,还将开展机载设备系统、光学定位系统和有源相控阵雷达系统方面的工作。预计, T-50 战斗机将在 2017 年交付俄罗斯空军。

图 8　T-50 战斗机

2. 美国海军着眼下一代电子战

2014 年年初,美国海军透露已启动与工业界的合作,研发用于下一代电子战的电子设备和软件。海军研究办公室官员表示,该项目旨在开发和演示用于下一代电子战系统的技术。创新的电子战概念探索能够从根本上改变美军电子战作战方式和理念。

根据计划,该项目最终将实现以下目标:通过利用、欺骗或拒止敌人使用频谱同时确保友军使用频谱,确保美国海军和海军陆战队控制电磁频谱。相关主题包括:改进的威胁预警系统;电子战支持;针对武器跟踪和制导系统的诱饵和对抗措施;对抗敌方指挥、控制、通信、计算机、情报、监视和侦察的电子攻击;对己方的武器和 C^4ISR 系统采取电子保护措施,抵御有意、无意干扰。同时,海军研究办公室还指出了其重点关注四个领域:无线电频率和毫米波电子战子系统原型机,覆盖频率 3~300MHz 的紧凑高效的电子战天线;W 波段毫米波高功率信号发射机;创新的电子战概念。

该电子战系统将更灵活,不需要对平台进行进行大幅改装便可加载,还可智能识别威胁目标并选取应对措施。同时,其还具有独立性,不会轻易影响航空平台的航电设备。

3. 美国海军继续重视水面电子战改进项目研发

水面电子战改进项目是一项为美国海军作战舰艇上的舰载 AN/SLQ – 32(V)电子战系统进行螺旋式开发升级和更新的项目,AN/SLQ – 32电子战系统是美国海军主力舰载电子战装备,从 20 世纪 70 年代中期开始批量生产,目前普遍装备美国海军护卫舰以上大型水面舰艇、两栖作战舰艇和部分作战支援辅助舰船。水面电子战改进项目共分 Block 1、Block 2、Block 3、Block 4 四个阶段完成。Block 1 阶段开始于 2002 年,研发工作现已全部完成,该阶段主要是对 AN/SLQ – 32(V)系统的处理、显示等硬件设备进行升级,分 Block 1A、Block 1B、Block 1C 三个子阶段。目前正在进行的是 Block 2 阶段的升级,此阶段旨在增强该系统的电子战支援能力,主要升级天线阵和接收机,提高系统的敏感度和对目标判断的精确度,升级后的系统将配备在新的开放式综合体系结构中。Block 3 阶段旨在提高系统的电子攻击能力,通过加大电子战的发射功率,提高对有源雷达干扰能力,为美军主力水面舰艇提供反舰导弹对抗能力。Block 3 预计将在 2017 年初进入低速初始生产阶段,2018 年夏天进入作战测试与评估。Block 4 将为系统提供光电与红外(EO/IR)导弹干扰能力。

美国高度重视水面电子战改进项目,对其采购预算逐年增加,2014 年采购预算为 2.034 亿美元,预计 2018 年的预算将达 3.72 亿美元,整个项目采购预算总额高达53亿美元左右。2014年年初,美国海军完成Block 2系统里程碑进展——对该系统的开放式体系结构在多种作战想定下的性能进行了地面测试。

4. 美国海军推进无人机电子战能力

2014年1月22日,美国海军陆战队、通用原子航空系统公司和诺·格公司联合进行"捕食者"-B、MQ-9"死神"无人机电子攻击能力的第二次演示试验。在此次演示试验中,两架无人机装备诺·格公司研发的新型"潘多拉"(Pandora)电子战系统。试验在美国海军陆战队尤马空军基地进行,旨在评估"捕食者"-B无人机采用多节点技术执行电子战任务的能力,以应对更强的防空系统,重点发展一体化、网络化电子战能力。

试验中,"捕食者"-B无人机(图9)由通用原子航空系统公司研发,装备内置"潘多拉"电子战系统的干扰吊舱。该无人机具备集成至海军陆战队指挥控制网络的能力,可有效控制该无人机电子战有效载荷,提高整个电磁频谱域攻击效果。"潘多拉"电子战系统采用多功能宽带解决方案,可提供电子攻击和防护能力。该系统低功耗、轻量级,内置灵活架构,可满足新兴的作战需求,并支持开放接口,能与无人系统的航空电子设备及指挥与控制架构进行无缝集成与互操作。

图9 "捕食者"-B无人机

此次试验演示成功验证了无人机三大电子攻击能力：一是"捕食者"–B无人机可实现原战斗机的电子战作用，满足广泛作战频谱需求；二是"潘多拉"电子战系统为目前及将来的长航时平台优化了尺寸、重量和功率，成为高性能电子战系统的标杆；三是实现了"捕食者"–B遥控飞机、EA–6B"徘徊者"电子战飞机及其他"Group 3"无人机分层联合作战。

（三）美国定向能武器快速发展，取得关键突破

包括高功率微波武器、激光武器等在内的定向能武器在2014年发展迅速，均取得重大进展。

1. 美国高功率微波导弹将可使用

2014年9月16日，在美国空军协会年度会议上，AFRL负责人表示，反电子设备先进高功率微波导弹（简称"CHAMP弹"）预计2016年可用。CHAMP弹是美军第一种针对搭载高功率微波载荷而设计的导弹。2011年5月，美国空军和波音公司进行了CHAMP弹的第一次飞行试验，验证了CHAMP弹在不同地点对抗多个目标时的控制和瞄准能力，但没有释放微波能量。2012年10月，第二次飞行试验，即首次作战飞行试验获得成功，标志着美国空军在高功率微波武器领域取得重大进展。试验中，CHAMP弹从B–52轰炸机上发射后，按照预定规划航迹飞行，抵达预定攻击目标上空瞬间，发射高功率微波，仅用了几秒钟，目标建筑中的计算机和电气系统全部彻底瘫痪，如图10所示。在为期1小时的试验中，高功率微波导弹对途中的7个预设目标分别发射高功率微波脉冲，致使所有目标设施内的电子系统受到破坏，且附带损伤很小。此后，还需进行一次作战飞行试验，就将完成对CHAMP弹的联合能力技术演示验证。

微波导弹是信息化武器装备的"杀手锏"，一旦发生战争，其可深入敌后方，在不造成人员伤亡的情况下通过摧毁电子设备中的元器件，打击信息化武器装备，瘫痪其整个作战体系。该项技术的出现，使美军的

对敌攻击手段更为丰富,为其飞机和导弹突防提供了更便利的先行信息打击支持。微波导弹是目前世界上最先进的非致命武器,代表了高功率微波武器的一个重要发展方向。

图10 CHAMP弹瘫痪建筑物内电气系统示意图

2. 美国舰载激光武器系统通过关键测试

2014年12月,美国海军完成舰载激光武器系统(图11)测试,成功摧毁目标。此次测试主要针对多种环境下(大风、潮湿和高温等)的舰载激光武器系统运行情况和作战效果。该激光器最高功率可达30kW,除干扰或毁坏传感器设备外,还可直接摧毁目标。

图11 舰载激光武器系统示意图

美国海军此次研发的新式激光武器系统部分由商业激光元件和海军专用软件组成。海军软件使该激光武器系统产生的能量实现35%的高效运作，远超其他激光武器的运作效率。此外，该武器系统还采用"skid"装置启动和冷却激光武器系统。激光武器系统与舰艇平台的导航雷达和近距离武器系统相连接，士兵可通过舰上作战信息中心一个指挥站单独锁定该激光武器。

此次激光武器系统测试完成标志着其功能实现了从干扰、摧毁传感器到直接摧毁目标的转变。与传统武器系统相比，其发射成本也较为低廉（发射一次成本59美分）。这套舰载激光武器系统受其功率所限，目前还是主要应用于近程防御，拦截自杀式快艇和无人机。美军目前还有一套功率150kW的激光武器系统在研，其威力是此次测试的激光武器系统的5倍。随着技术的不断进步和发展，激光武器系统威力将逐步得到增强，在未来战场上起到不可忽视的作用，或将改变未来作战模式。

六、导航定位装备

2014年，导航定位系统继续保持平稳发展态势。卫星导航依然是各国发展的重点领域，全球范围内的卫星导航竞争格局已经形成，美国、俄罗斯继续升级全球卫星导航系统，欧洲"伽利略"系统完成在轨验证任务，印度发射第二颗区域导航卫星。此外，美国和韩国等国家非常重视发展地面导航系统和微型惯性导航系统，以弥补卫星导航定位技术的不足，进一步提供导航定位精度。

（一）主要国家和地区竞相发展卫星导航系统

卫星导航系统已经发展成为现代军事行动的重要信息基础设施，世界主要军事大国都将卫星导航系统发展视为夺取战争优势的基石。2014年，美国发射4颗GPS ⅡF卫星，稳步推进GPS Ⅲ卫星的研发工作；俄罗斯发射2颗GLONASS-M卫星，定位精度进一步提高；欧洲"伽利略"卫星系统完成在轨验证任务，并发射系统第5、第6颗卫星；印度第2颗区域导航卫星顺利升空。

1. 美国继续推进GPS现代化计划，GPS Ⅲ首颗卫星交付延迟

2014年，美国GPS现代化计划继续推进。一方面，现有卫星星座的更新工作取得进展，又有4颗GPS ⅡF卫星正式入轨运行，使得目前在轨服务的星座卫星数量达到35颗；另一方面，GPS Ⅲ首颗卫星交付延迟，计划开发进度放缓，正考虑实施多年采办策略。

（1）发射4颗GPS ⅡF卫星，目前在轨卫星数已达35颗。2014年2月—10月，美国共发射4颗GPS ⅡF卫星，分别是GPS ⅡF-5/6/7/8。目前GPS在轨卫星数量已达35颗，远远超过覆盖全球至少需要24颗卫星的要求，确保了GPS系统的正常运行和服务。GPS ⅡF卫星由波音公司制造，其原子钟性能比前代有明显提升，可提供每天小于8ns的授时精度，当所有GPS ⅡF卫星部署以后，GPS星座的定位精度可以由现在的6m提升至3m。此外，GPS ⅡF卫星还采用高功率电波束发射天线，可以在强干扰的环境下增强指定区域的信号功率，提高系统的高抗干扰能力。除提高导航定位精度和抗干扰能力外，GPS ⅡF卫星还增加了第三个民用L5频段，将为商业航线运营和搜救任务提供支持，该频段还将在下一代GPS Ⅲ卫星上使用。

（2）GPS Ⅲ首颗卫星交付延迟，计划开发进度放缓，正考虑实施多年采办策略。由于Excelis公司导航有效载荷交付延迟，首颗GPS Ⅲ卫星发射时间将由原定的2014年年底推迟到2015年。延迟交付导航载荷凸显了美国国防部对于成本高的合同要求增加工业竞争的期待，特别是Excelis公司一直是以前的GPS卫星导航系统的唯一提供商。据称，延迟交付很大程度上是由于首次开发和集成问题，包括所需的设计变更，以消除信号串扰或卫星上信号之间的干扰。

从2014年3月5日发布的美国总统2015财年预算请求可以看出，美国空军正计划放缓GPS Ⅲ卫星计划开发进度。美国空军原计划

2015财年采购2颗GPS Ⅲ卫星,但目前只计划购买1颗。最初计划是,2015—2016财年每年购买2颗卫星,2017—2019财年,每年购买3颗卫星。此次采购延迟,将使今后两年的卫星购买数量降低到每年1颗。由于GPS计划采购速率快于需求量,且美国正面临很大的预算压力,因此,美国空军决定降低采购速度,在仍然满足在轨星座需求的同时,节省资金用于未来的国防计划。

另外,GPS Ⅲ开发进度放缓也是等待其多年采办策略的落实。目前,美国空军正在考虑GPS Ⅲ卫星的多年采办策略,通过签订大批量订购合同来降低项目成本。根据有关标准,多年采办策略实施的条件是:对在财政上能大幅节省的预期,对资产的稳定需求,需要充足资金以避免合同取消,设计稳定性和低技术风险,现实成本评估,推进国家安全。预计该策略将至少到2016财年才会具有财政和项目方面的意义。届时,GPS Ⅲ计划的设计和运行风险已得到降低,而且空军将对GPS Ⅲ计划的依赖性确定更清晰的发展路线。

目前,美国空军已同洛·马公司签署8颗GPS Ⅲ卫星生产合同。GPS Ⅲ卫星将用来替换即将退役的在轨GPS卫星,提高GPS系统的整体性能,满足军、民、商用户不断增长的需求。同目前在轨最先进的GPS ⅡF卫星相比,GPS Ⅲ卫星的定位精度提高3倍,抗干扰能力提高8倍,寿命延长25%。同时,GPS Ⅲ卫星将使用Ka和V波段通信,以满足精密测距和高速数据传输的要求,其星地链路上下行数据传输速率分别可达200kb/s和6Mb/s。此外,GPS Ⅲ卫星还将首次使用新型L1C民用信号,将实现与国际上其他全球导航卫星系统之间的互操作。

2. 俄罗斯发射GLONASS–M卫星,提高导航定位精度

俄罗斯的GLONASS卫星导航系统目前已经实现了全球覆盖。为了与美国GPS系统争夺全球导航定位市场,俄主要通过两种手段提高系统整体性能,一是发射新型卫星对星座进行补充和更新,二是积极开发新技术,提高并完善GLONASS系统运行能力,缩小与GPS之间的差距。

发射2颗GLONASS-M卫星,目前在轨卫星数已达30颗。2014年3月24日和6月15日,俄罗斯发射2颗"格洛纳斯"-M卫星,目前GLONASS在轨卫星数量已达30颗。这两颗卫星将用于新一代"格洛纳斯"导航系统,可提高其定位精度。根据计划,2014年俄罗斯还将发射3颗"格洛纳斯"卫星。到2020年,俄罗斯计划拥有30颗"格洛纳斯"-M和新一代"格洛纳斯"-K在轨卫星,其中包括6颗备用卫星。届时,其定位精度将从目前的2.74m提高到0.61m。

3. 欧洲"伽利略"系统完成在轨验证任务,发射系统的第5、第6颗卫星

2014年,欧洲"伽利略"卫星导航系统建设工作取得新的进展。一是完成"伽利略"卫星在轨验证任务,验证了多方面性能;二是发射首批两颗全面作战能力的"伽利略"卫星;此外,还进行了卫星导航芯片eCall测试,定位功能十分出色。

(1)欧洲"伽利略"卫星完成在轨验证任务,验证了多方面性能。2014年2月中旬,欧洲航天局称,"伽利略"系统已经完成在轨验证(IOV)任务。IOV的目的是验证当卫星系统完成部署后,是否能够达到最初预期的效果。

2011年和2012年,首批4颗"伽利略"卫星发射入轨,4颗卫星是完成导航星座配置所需的最少数量。在随后的一年中,"伽利略"卫星系统全球地面基础设施不断增加,该项目经历了重要的"在轨验证"阶段。2013年3月12日,"伽利略"的空间和地面基础设施首次验证了地面定位,成为"伽利略"系统建设的里程碑。接下来,还在整个欧洲进行了各种各样的测试。在接收信号过程中,测试车行驶超过10000 km,此外,还有步行者和固定接收器测试。图12所示为"伽利略"在轨验证卫星图。

经过验证,"伽利略"卫星有效且良好地运行。整个自给自足的系统已显示出其定位点遍布全球各地。有95%的时间,"伽利略"观测到的双频定位精度能达到水平方向平均8 m、垂直方向平均9 m。平均授时精度为100亿分之一秒,并且随着更多卫星发射和更多地面站部署,其性能将更加精准。

图12 "伽利略"在轨验证卫星

"伽利略"的搜救功能作为当前"全球卫星搜救系统"(COSPAS-SARSAT)的一部分,77%的模拟遇险位置能定位到2 km以内,95%的位置能定位到5 km以内。所有警报都在1.5 min内被检测到并转发给任务控制中心,与之相比,所设计的任务需求时间为10 min。

成功验证之后,"伽利略"系统的构建将继续进行,剩余卫星将继续发射入轨,并进一步部署地面站。

(2)欧洲发射首批两颗全面作战能力的"伽利略"卫星,但未达到预定轨道。2014年8月,欧洲阿里安空间公司使用"联盟"号Flight VS09型运载火箭发射了首批两颗具备全面作战能力(FOC)的"伽利略"卫星——"伽利略"导航系统的第5颗和第6颗卫星,但这两颗卫星未达预定轨道。

"伽利略"系统建设始于2002年,旨在创建欧洲运行的天基导航系统,提供高精度、有保证的全球定位服务,英国萨里卫星科技有限公司提供的有效载荷可生成精确定位测量数据,并向全球用户提供服务。完整的"伽利略"星座将由27颗运行卫星和3颗备用卫星组成,分布在距地面23222 km的三个圆形中地球轨道平面上,轨道平面相对于赤道平面的倾角为56°。"伽利略"系统将在民用控制下运行,可为地球大部分地点精确定位。与GPS卫星相比,"伽利略"卫星所在轨道相对于赤道平面更加倾斜,可为高纬度地区(包括北欧)提供更好的信号覆盖。两颗"伽利略"在轨验证部件(GIOVE)卫星已在2005年12月和2008年4月搭载"联盟"号火箭发射,"在轨验证"(IOV)阶段的4颗卫星分别在2011年10月和2012年10月搭载"联盟"号火箭并以一箭双星的方式发射。

2014年是"伽利略"项目实施的决定性阶段,年内共发射6颗卫星,预计"伽利略"系统有望从年末开始提供初始导航定位服务。

(3)"伽利略"系统芯片进行eCall测试,定位功能十分出色。2014年2月,意法半导体宣布,公司已将TeseoⅡ单片卫星导航芯片送交欧洲航天局和欧盟委员会联合研究中心(JRC)进行eCall测试。欧洲"伽利略"监管机构(GSA)将主持此次测试,并将其作为加速"伽利略"计划推进的活动之一。

按照测试计划,欧洲航天局和欧盟委员会联合研究中心将在今后几个月进行"伽利略"导航系统测试,验证意法半导体最新固件版本的功能。测试活动支持预计将于2014年年底开通的"伽利略"早期运营服务。此外,针对从交通事故车辆自动发送报警信息的eCall紧急救援车载系统,测试活动还将评估TeseoⅡ与欧洲地球静止导航重叠服务(EGNOS)和"伽利略"卫星导航系统的兼容性。除动静态测试条件外,测试计划还预想了单模、双模和三模(GPS/"伽利略"/格洛纳斯)卫星定位模式。

TeseoⅡ芯片的定位功能十分出色,能够同时接收多个卫星导航系统的信号,目前可接收现有在轨"伽利略"卫星的信号,随着新卫星逐渐发射升空,还能接收整个"伽利略"星座的信号。凭借在卫星定位多模接收机市场上的领先技术,意法半导体卫星接收芯片可直接使用"伽利略"在轨卫星定位,为消费者提供更短的首次定位时间和更精确的连续跟踪功能,能够在高楼林立的城区等严苛环境中高效运行。

4. 印度卫星导航系统取得重大进展,发射两颗区域导航卫星

为了加强在南亚地区和全球范围内的影响力,印度独立开展了印度区域导航卫星系统(IRNSS)的建设工作,并于2014年4月4日和10月16日,成功发射IRNSS-1B和IRNSS-1C卫星。它们是IRNSS星座的第二颗和第三颗卫星。第一颗卫星是IRNSS-1A,已于2013年7月发射入轨。图13所示为印度IRNSS卫星示意图。

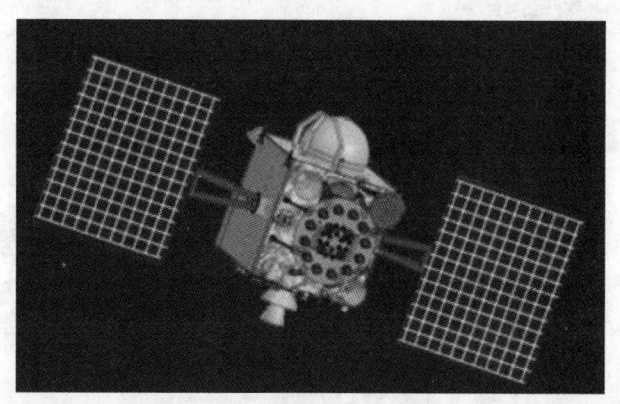

图13 印度IRNSS卫星

IRNSS是一个独立的区域导航卫星系统,由太空段和地面段组成。系统建成后,太空段将由7颗卫星组成,其中3颗在地球同步轨道,4颗在倾斜地球静止轨道,轨道高度36000km;地面段由控制、跟踪基础设施以及其他设备组成。该系统将为印度本国和印度大陆周边1500~2000km区域用户提供精确的定位信息服务,可覆盖东经40°~140°和北纬40°~南纬40°的范围,包括印度次大陆及印度洋等区域,定位误差不超过20m。IRNSS将提供两种服务,即向所有用户提供的标准位置服务和只向授权用户提供的受限服务。IRNSS应用包括陆地、航空、海洋导航、灾害监控、车辆跟踪和舰队管理、移动电话集成、精密授时、绘图和测绘数据采集、为旅行者提供陆地导航援助、为驾驶人员提供视频和语音导航等。

目前,印度境内已经建成15个地面站,负责导航参数生成和传输、卫星控制、卫星测距与监视等。IRNSS整个星座计划将在2015—2016年间完成组网。

据悉,印度计划在IRNSS系统建成后,将有可能再发射大约10颗导航卫星，最终建成印度版全球卫星定位系统。图14所示为印度IRNSS系统示意图。

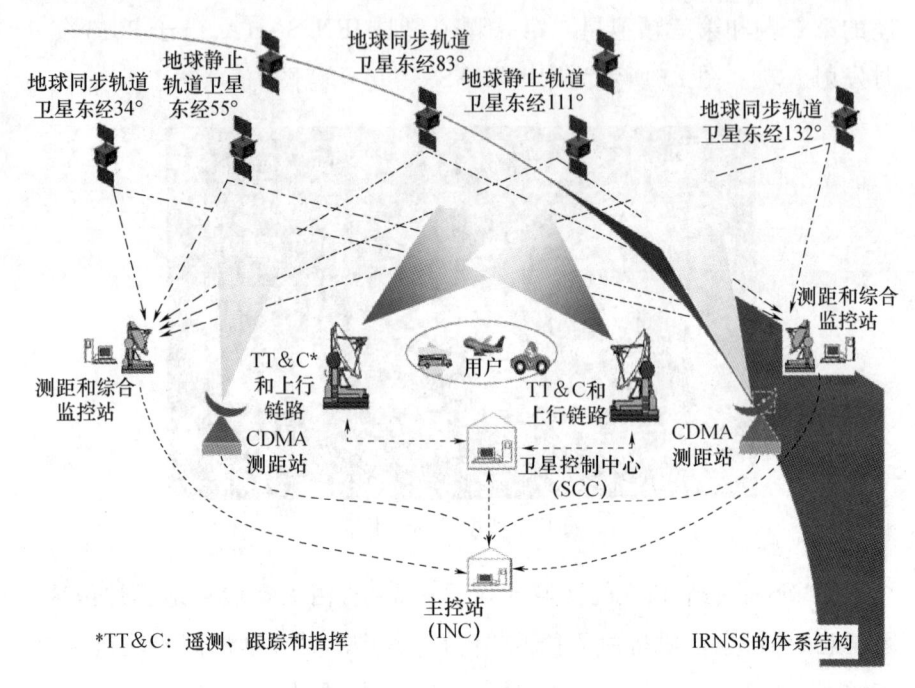

图14 IRNSS系统示意图

（二）美、韩启动增强型地面无线电导航系统的部署

目前，世界各国都已经注意到对卫星导航存在过度依赖的状况，并认识到这种过度依赖将会给作战带来巨大风险，因此开始着手发展在卫星导航被干扰或不可用时的备份导航能力，尤其是地面无线电导航系统。美国"弹性导航与定时（RNT）基金会"致力于发展增强型罗兰系统，韩国制定增强型罗兰（eLoran）系统部署新计划。

1. 美国致力于发展增强型罗兰系统，作为GPS能力备份

据Inside GNSS网站2014年1月报道，一家名为"弹性导航与定时（RNT）基金会"的非营利机构已在美国启动，以争取实现对美国原先的罗兰-C系统基础设施的重新利用，从而为建设一个新的、私人资助的增强型罗兰系统提供支持,并将其作为 GPS 的能力备份。该基金会将致力于发展一套增强型罗兰系统,而相关资金则可能通过公私伙伴关系的融资方式由系统用户提供。该基金会表示,发展增强型罗兰系统旨在为 GPS 系统提供备份。

2. 韩国宣布增强型罗兰系统新计划,将在 2016 年具备初始运行能力

2014 年 4 月,韩国决定制定增强型罗兰系统部署的新计划,并于 5 月开始新一轮招标。

为提升导航抗干扰能力,韩国决定创建全球导航卫星系统的备用系统。2013 年 4 月,韩国宣布增强型罗兰系统部署的最初计划;2013 年 6 月,韩国组建增强型罗兰咨询委员会支持该项目,该委员会包括来自韩国高校和研究机构的 15 个委员会成员;2013 年 12 月,韩国和英国交通部签署了谅解备忘录,寻求在部署增强型罗兰系统方面的技术合作,英国灯塔局将为韩国提供技术建议。然而,由于技术和需求挑战,建立基于增强型罗兰备用系统的最初计划动摇,经 3 轮竞标,韩国政府最终并未采纳所提出的任何采购计划。2014 年 4 月 14 日,在鹿特丹举行的弹性导航与定时论坛上,韩国透露其新计划详情。

最初计划要求将现有的 2 座罗兰-C 发射站进行改装,并新建 3 个增强型罗兰发射机,这 5 座发射站将在 2016 年达到初始作战能力。另外,韩国还计划部署 43 座增强型罗兰系统差分站,为整个韩国地区提供精确度 20 m 的实时定位能力,计划于 2018 年实现全面作战能力。

最初计划提出的系统需求中所包含的一些关键的技术挑战为:①在给定的相对较短的罗兰天线(190 m,145 m)下,提供 1000 kW 发射功率(有效辐射功率);②陆地移动作战所要求的 20 m 精度还未经实地验证;③覆盖韩国专属经济区的海上作战所需的 20 m 精度的要求。

该项目的新计划要求分两阶段实施。第一阶段,在 2015 年年底前,为包括 3 个发射机和 2 座差分站的韩国西海区域部署海上增强型罗兰系统。若验证的性能令人满意,第二阶段将部署更多的发射机和差分站,以覆盖韩国其他区域。除非进一步的研发中验证了陆上符合

20 m 精度要求,否则韩国努力部署系统、使其覆盖内陆区域的计划将不会推进。

其中,具有"更合理"要求的第一阶段招标文件于 5 月中旬发布,将提出以下几点建议:①位于浦项和光州的 2 个罗兰 – C 发射机将升级为增强型罗兰发射机;②具有 250 kW 有效发射功率的增强型罗兰发射机将部署于江华岛;③投标者将为 2 座增强型罗兰系统差分站的最佳部署位置提出建议;④在差分站 30 km 范围内,必须实现 20 m 的海上精度。图 15 所示为韩国增强型罗兰系统覆盖范围。

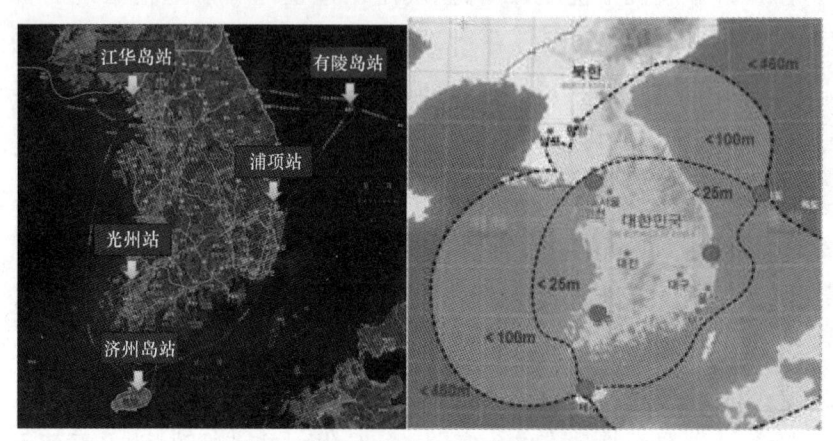

图 15　韩国增强型罗兰系统覆盖范围

(三)美国的惯性导航系统向微型化、高精度发展

与卫星导航和地面无线电导航不同,惯性导航系统不需要从外界接受任何信号即可提供载体的位置、速度和姿态信息。不会受到干扰的影响,但也存在误差较大,存在漂移积累等问题。2014 年,诺·格公司同美国陆军签署合同,研发微型惯性导航系统,以提供更精确的导航定位能力。

2014 年 6 月,美国陆军已授予诺·格公司合同,为 DARPA"芯片级组合式原子导航"(C – SCAN)项目研发微型惯性导航系统,旨在将微电子机械系统(MEMS)和原子惯性制导技术集成到一个惯性测量装置,以提供长期稳定的性能和快速启动时间。

该合同第一阶段价值64.8万美元,预计2015年6月以后,还将授出价值1340万美元的合同用于多个备选方案。诺·格公司将通过使用声体波微电子机械系统陀螺仪和核磁共振(NMR)陀螺仪技术组合,为C-SCAN项目研发微型惯性测量装置,研发工作包括NMR陀螺仪技术成熟化、缩小该装置当前尺寸并研发新型精确光学加速度计。该微型组合式导航系统可能会极大缩减尺寸、重量、功率需求和成本,还将降低对GPS和其他外部信号的依赖性,以在GPS受限的环境中提供一个经济可承受的解决方案,确保无损坏的导航和制导。

C-SCAN项目属于"定位、导航与授时微技术"项目的一部分,后者旨在为独立、芯片级的惯性导航和精确制导研发微技术,消除对GPS的依赖性。这些先进芯片级导航传感器的潜在应用包括瞄准、定位、制导、导航和智能武器。

技术篇

一、雷达技术

二、通信技术

三、军用计算机技术

四、军用软件技术

五、隐身与反隐身技术

六、赛博技术

七、微纳电子技术

八、光电子技术

九、电源技术

十、电子元件与机电组件技术

十一、电子材料技术

十二、微机电系统技术

摘　要　2014年,世界军事电子信息技术继续呈现快速发展态势。感知领域,多功能有源相控阵雷达、多/超光谱探测器技术研发取得新进展,数字阵列和新型成像雷达等下一代雷达技术开发正式启动;传输领域,Ka波段和激光宽带卫星通信技术持续发展,新型无线和对潜通信技术取得新突破;处理领域,存储速度达0.3PB/s,计算速度达6271TFLOP/s的高性能计算机已应用于装备科研,大幅度提高了装备研制的建模仿真能力。赛博领域,攻击技术呈现全面监控和持续攻击特点;基础领域,微电子器件特征尺寸持续减小,氮化镓技术成熟度已达9级;随着硅材料物理极限的不断临近,二维电子器件等各种后硅半导体技术成为研究热点。

关键词　信息技术;系统技术;基础技术;赛博技术

一、雷达技术

目前,有源相控阵雷达技术仍是国外发展重点,主要方向是实现低成本、多功能,扩大应用。2014年,DARPA启动标准相控阵天线研制,以降低有源相控阵雷达的成本。美国雷神公司为空军研制下一代用于防空反导的多功能三坐标远程防空雷达。美国诺·格公司为海军陆战队开始小批量生产多功能的"地/空任务导向雷达"。美国空军计划利用有源相控阵雷达升级战略轰炸机。雷达新技术的发展主要是为了满足目前和未来的需要。为满足当前对地下和路边简易爆炸物的探测需要,美国探地雷达公司着手研制具有实时探测能力的探地雷达,并在探测地下爆炸物的深度方面取得新进展。为开发出可能改变游戏规则的雷达新技术,继续保持在雷达技术领域里的领先水平,美国雷神公司和DARPA分别启动了分布式数字阵列雷达技术和成像雷达先进扫描技术等下一代雷达技术的开发。

(一)有源相控阵雷达技术向多功能、低成本方向发展

有源相控阵雷达可用一部分收发组件完成一种功能,用另外一部

分收发组件完成另一种功能,因此,它具备多种功能。多功能有源相控阵雷达技术最初用于舰载雷达和机载雷达,近期开始用于地面防空雷达。2014年,美国雷神公司为空军研制可用于防空和反导的下一代多功能三坐标远程防空雷达,以替代美现役的AN/TPS–75防空监视雷达和AN/TPS–59弹道导弹防御雷达。美国诺·格公司开始小批量生产可探测迫击炮、火箭、火炮、巡航导弹和无人机等低可观察性目标的多功能相控阵雷达。美国空军开始考虑用有源相控阵雷达对B–1、B–52战略轰炸机进行升级。鉴于目前有源相控阵雷达的成本仍太高,DARPA启动标准相控阵天线研制,以降低有源相控阵雷达、通信设备和电子战装备的成本。

1. 美国国防先期研究计划局启动标准相控阵天线研制,降低雷达成本

为降低有源相控阵雷达、通信和电子战装备的成本,2014年4月DARPA向6个公司和1个研究机构(雷神、诺·格、洛·马、波音、罗克韦尔·柯林斯、休斯等公司和乔治应用技术应用研究所)签署总经费为1亿美元的9项合同,加速通用射频收发组件的发展。DARPA将这一计划称为商用时标阵列(ACT)计划,寻求超越传统的耗时的相控阵阵列设计过程,重点研究新型射频相控阵天线制造的新方式。ACT计划能为国防部节省数十亿美元,但至少需要数年的研发时间。该计划有3个重点:射频阵列的通用电路、可重新配置的接口、无线相干阵列。雷神综合防御系统公司将集中精力发展通用硬件模块,以实现不同的阵列功能,或将几个平台的阵列组合成一个具有精确定时和定位的大孔径,并将集中精力开发一个可重新配置的接口,以用于不同的极化、频率、带宽。波音公司将研制2~12GHz的可重新配置阵列,使其能通过现场修改而工作在不同频段,以满足紧急的任务需求。重新配置阵列在以下4个方面将面临挑战:一是阵列单元的性能,二是低功耗开关,三是不影响阵列性能的控制开关,四是制造可互连的结构。

2. 雷神公司为空军研制下一代多功能三坐标远程防空雷达

2014年10月,美国空军与雷神公司签署一项价值1950万美元的合同,研发一种新型三坐标远程防空雷达(3DELRR),用来探测、识别和跟踪飞机和弹道导弹。该新型雷达是为出口而设计,需满足国际客户的需求。

三坐标远程防空雷达将采用氮化镓器件,增加雷达的作用距离、灵敏度和搜索功能。它将工作在 C 波段,因为该频段相对不那么拥挤。3DELRR 雷达将代替诸如越南战争时代就开始部署的 AN/TPS-75 空中监视雷达和 AN/TPS-59 弹道导弹防御雷达。该雷达采用相控阵技术,能在几毫秒内改变跟踪波束方向。过去,相控阵雷达在同时跟踪多个目标时,往往会降低分辨率。而该雷达跟踪每一个目标可迅速形成一个专门的波束,因而在同时跟踪多个目标时,不会降低对目标的分辨率。

3. 美国海军陆战队的地/空任务导向雷达已进入低速率生产阶段

2014 年 10 月,美国海军陆战队系统司令部向诺·格公司提供 2.073 亿美元,生产 4 部地空任务导向雷达样机,使这种多功能相控阵雷达进入了低速率生产阶段。"地/空任务导向雷达"(G/ATOR)是诺·格公司为美国海军陆战队研制的三坐标中近程多功能有源相控阵雷达,可对飞机、巡航导弹进行探测,并可对火箭、火炮进行定位,还可用于空中交通管制,一部地/空任务导向雷达具有原海军陆战队 5 种雷达(TPS-63 防空雷达、TPS-73 空中交通管制雷达、MPQ-62 近程防空雷达、TPQ-46 反火炮目标获取雷达、UPS-3 目标跟踪雷达)的功能,如图 1 所示。诺·格公司 2005 年前从海军陆战队获得 790 万美元的研制合同,便开始了"地空任务导向雷达"的研制。研制计划分 4 个增量进行。增量 1 是研制用于近程防空的地空任务导向雷达。增量 2 是研制用于火炮定位和目标获取的地空任务导向雷达。增量 3 是使"地/空任务导向雷达"包括模式 5/S 敌我识别、电子防护、非协同目标识别、传感器联网等功能。增量 4 研制具有空中交通管制能力的地空任务导向雷达。增量 1 的地空任务导向雷达已于 2010 年交付。增量 2 的地空任务导向雷达于 2012 年启动,现已研制成功,能探测 72km 外的迫击炮、火箭和火炮。鉴于目前地空任务导向雷达的研制进程,预计其实现全速率生产将在 2018 年或 2019 年。

图 1 地空任务导向雷达的外形图

4. 美国空军考虑用有源相控阵雷达升级 B-1、B-52 战略轰炸机

2014 年 3 月,美国空军考虑用有源相控阵雷达升级 B-1、B-52 战略轰炸机,以提高其监视和瞄准能力。有源相控阵雷达可利用计算机的控制,向多个方向发射波束,对多个目标进行探测,以执行不同的任务。美军轰炸机专家希望轰炸机雷达获得有源相控阵雷达的这些优点。尽管 B-1、B-52 战略轰炸机还没有正式的航空电子升级计划,但空军全寿命周期管理中心的官员和空军研究实验室已要求工业界为轰炸机雷达升级提供建议。空军轰炸机专家要求各公司提供有关轰炸机雷达升级的内部研发计划信息。空军将成立一个小组,对各公司提供的内部计划信息进行讨论。对于 B-1 战略轰炸机的雷达升级,空军感兴趣的是有源相控阵雷达的圆极化(防雨)、±120°的视场、海上监视能力、高可靠性、多波段发射机的开放式架构、高分辨率的合成孔径雷达地形测绘能力、带宽和经济性。对于 B-52 战略轰炸机的雷达升级,空军感兴趣的是有源相控阵雷达的核防护能力、±120°的视场、海上监视能力、高可靠性、开放式架构、数据链能力、在 X 波段内的带宽和经济性。

(二)雷达新技术开发取得重大进展和突破

2014 年,DARPA 和雷神公司正式启动下一代成像雷达技术和分布式数字阵列雷达技术开发项目,试图取得改变游戏规则的雷达技术突破,为在雷达技术领域保持领先水平奠定基础。同时,美国雷达公司为满足反恐作战的需要,研制出世界首部三频段探地雷达,实现了对9m深爆炸物的探测,并在"火力侦察兵"无人直升机装备的感知规避雷达的基础上,研制用于多种无人机的通用感知规避雷达技术。

1. 美国国防先期研究计划局开始探索下一代成像雷达技术

2014年8月,DARPA宣布,为成像雷达先进扫描技术(ASTIR)项目寻求建议,目标是设计一种性能类似于合成孔径雷达的高性价比的成像雷达。该项目寻求新技术展示新的成像雷达架构,要求研发一种采用电子副反射器(electronic sub-reflector),并不需要依赖目标移动或平台移动完成扫描的新一代成像雷达。该雷达将提供高帧频(10帧/s以上),并能在雾、烟、大雨等恶劣天气下对目标进行三维成像,还能进行有效的波束控制与雷达成像。为实现这一目标,该成像雷达将采用一条发射/接收链来完成波束控制,以降低雷达的复杂性,还将采用有助于实现大孔径的电子副反射器,以生成有关动目标和静止目标的三维图像。实现这一点的方法包括:采用用于波束控制的平面电子反射器替代现在某些成像雷达使用的机电移位镜,采用副反射器上的移相器来控制主反射器上的小点,用正交相位编码对副反射器上每一单元的信号进行数字调制。很显然,DARPA的成像雷达先进扫描技术项目是研制有别于合成孔径雷达和逆合成孔径雷达等传统成像雷达技术的下一代成像雷达技术,可高性价比地提供目标的高分辨率三维成像。

2. 美国海军正式启动分布式数字阵列雷达[①]技术开发

随着数字技术,尤其是模/数转换器和数/模转换器的发展及数字波束形成方法研究的不断深入,相控阵雷达的数字化程度不断提高。

---

① 数字阵列雷达是采用数字波束形成(DBF)技术的相控阵雷达。其发射单元采用直接数字合成技术来形成波束;接收单元采用模/数转换器来数字化接收的模拟信号。数字阵列雷达具有超低副瓣、多功能、小目标检测能力强、低截获概率、易于实现软件化和宽角度扫描等优点,可用于搜索、监视、目标跟踪、火控、天气监测等各种应用。它是继有源相控阵雷达技术之后的下一代雷达技术。美国于2006年就已成功研制出数字子阵列。

2011年,美国陆军启动了数字阵列雷达研究计划,着手研究开发16个单元(其收发组件全部数字化)的S波段数字子阵列,演示其采用宽禁带半导体器件、全数字化技术对提高雷达探测性能和降低成本方面的影响,达到了实现低成本、多功能的目标。

2014年4月,美国海军研究办公室与雷神公司签署一份价值850万美元的合同,设计灵活分布式阵列雷达(FlexDAR)。该雷达运用数字技术具有可重构性,能动态支持多种任务,包括监视、通信和电子战等。该雷达的研制将为雷达技术带来可改变游戏规则的变革。

分布式阵列雷达项目是美国海军研究办公室"集成化上层建筑"项目中的一个创新性子项目,将通过实现每一收发单元(全数字化的收发单元)的数字波束形成,并与网络协同和精密的时间同步(其本振锁定在GPS时间标准上),来提高雷达的能力,包括软件定义的重新配制能力。该子项目将演示雷达通信功能、雷达与雷达的通信功能,从而实现双基地通信与控制。该项目分两个阶段实施,第一阶段,设计雷达前端电路,演示关键器件和子系统;第二阶段,研制两个完全相同的多功能阵列天线,演示验证联网的分布式阵列的优点,并将其作为开发下一代雷达能力的基础。

灵活分布式阵列雷达将采用联网的数百个数字化收发单元,利用软件对结构进行重新配制,灵活性高,因此可构成适应不同舰艇需要的具有通信、电子战功能的数字阵列雷达。灵活分布式阵列雷达不仅自身抗干扰能力强,而且因具有通信和电子战功能,将实现雷达、通信、电子战装备共用天线,消除原舰艇上多个天线造成的相互干扰。同时,该雷达还可通过收发分置,运用双多基地体制,提升反隐身能力。该雷达每一收发单元都可通过数字波束形成所需波束,容易形成用于高空和低空目标探测的多个波束,并可通过采用氮化镓器件,提高探测距离。它的研制可能为雷达带来改变游戏规则的变革,并为下一代雷达的研制奠定基础。

3. 美国大力发展探地雷达技术,部分技术取得重大进展

探测地下目标一直是雷达技术的发展方向。在反恐作战中,急需能探测埋在地下和路边的简易爆炸物的探测装备。为此,美军一直在发展探地雷达技术。通常,采用较高频率的探地雷达的探测距离不如采用较低频率的探地雷达,但能提供更好的分辨率。探地雷达对冰层和干燥沙土的探测深度可达数百米,但对导电物质(如黏土),其探测脉冲将被转换为热而消耗掉,探测深度极为有限。美军正努力提高探地雷达的探测深度和实时性,以增强美军探测地下目标和应对简易爆炸物的能力。非侵入技术公司是美国著名的探地雷达制造商。它研制的数百部探地雷达曾在阿富汗战争中拯救了无数军人和平民的生命。该公司研制的 Visor 2500 探地雷达是其"爱斯基摩犬"车载探测系统的核心。该雷达可探测埋在地下的金属和非金属爆炸物、反坦克地雷和简易爆炸物,在自动探测、识别和精确标示埋在地下的爆炸物方面表现出无与伦比的性能。美国陆军、海军陆战队,以及加拿大、澳大利亚、韩国的军队均采购了这种车载探测系统。但是,Visor 2500 探地雷达的实时探测和抗干扰能力不强。2014 年,美国陆军合同司令部与非侵入技术公司签署总额为 730 万美元的探地雷达开发合同。该合同要求该车载雷达在行进中也能实时探测掩埋在路面下的简易爆炸物和反坦克地雷,确保对路面下掩埋的爆炸物进行及时清除,为作战和后勤运输提供保障。雷达公司是美国另一家著名的探地雷达研制公司。2014 年 3 月,该公司推出商标为"量子成像器"的世界首部三频段探地雷达。与单频和双频段探地雷达相比,它能以更高的分辨率探测更深的目标。它可定位和成像 9m 深的物体,其探测深度是双频探地雷达的 2 倍,单频雷达的 3 倍。该雷达能对塑料物体(导管、塑料地雷)提供高分辨率成像。该探地雷达可车载,还可装在无人直升机上。

4. 美国海军为海上无人机开发感知规避雷达技术

2014 年 7 月,美国海军空战中心航空部与雷达技术公司签署 300 万美元的合同,为"火力侦察兵"无人直升机和"海神"高空、长航时无人巡逻机设计一种通用感知规避雷达,使这些无人机能感知邻近飞行的飞机,并避免与它们发生空中碰撞。雷达技术公司已开发出一种专用于"火力侦察兵"无人直升机的感知规避雷达技术。它采用有源相控阵雷达技术和专门的信号处理技术,可对740km/h速度飞行的飞机提供30s以上提前时间的碰撞告警时间。"火力侦察兵"无人直升机采用的有源相控阵雷达,可提供2Hz的跟踪更新率、1°的角度分辨率和大于1h的虚警时间。雷达技术公司的技术专家正在研制一种通用感知规避雷达——自适应多通道相控阵雷达。它可能工作在X波段或C波段,能满足宽带和窄带的要求。当它工作在宽带时,可提供合成孔径雷达、逆合成孔径雷达、高距离分辨率等工作模式。当它工作在窄带时,可提供地面动目标指示、海上动目标指示、空对空、感知规避等工作模式。该雷达装备的首个作战平台是"火力侦察兵"无人直升机。然后,它将应用到"海神"高空、长航时无人巡逻机等其他海上监视无人机上,从而成为通用的感知规避雷达。

5. 美国海军"火力侦察兵无人机"装配新型多模式远程雷达

海上监视雷达也正在向多模式方向发展,可满足不同环境的侦察与监视。

2014年6月,诺·格公司与美国海军演示了一种装备可垂直起降的MQ-8B"火力侦察兵"无人直升机AN/ZPY—4(V)1型多模式海上监视雷达。这种雷达仅重31kg,但具有广域监视、合成孔径成像/逆合成孔径雷达成像、地面动目标指示等多种工作模式,从而使该雷达能对内陆、沿海、海上目标进行侦察监视。地面动目标指示功能使雷达能用于地面动目标的自动探测与跟踪,而广域监视、合成孔径成像/逆合成孔径雷达成像能用于沿海和海上目标的侦察与监视,并能自动对目标进行分类。该雷达的承包商Telephonics公司在雷达系统嵌入了SHARC™软件,能将跟踪管理、雷达控制和自动态势感知功能综合到用户控制台的图形用户界面上,从而大幅度减轻了操作员的工作负担,显著提高了海上态势感知能力。

二、通信技术

军事通信技术可将情报监视与侦察系统、指挥控制系统以及武器平台有机地连为一体,发挥整体效能,是世界各国重点发展的军事技术之一。2014年,在卫星通信方面,卫星激光通信取得突破性进展,频段更高、容量更大的Ka波段卫星通信技术得到进一步发展。在无线通信方面,4G LTE和WiFi商业技术的民为军用,进一步提升战术作战能力,超宽频带可用射频通信、太赫兹通信和战术视距激光通信等新技术得到进一步发展。在海事通信方面,多国继续开发水下网络通信技术,满足军用通信能力要求。

(一)卫星通信技术取得新进展,为宽带卫星通信铺平道路

2014年,美、欧相继合作开展卫星激光通信试验,并获得成功,标志着卫星激光通信技术取得突破。随着对地静止轨道上技术成熟的C波段和Ku波段卫星数量达到饱和,频段更高、容量更大的Ka波段卫星通信技术受到广泛关注。2014年,国外开展了面向Ka波段卫星通信的数据传输技术、机载终端和功率放大器技术的研发工作。

1. 卫星激光通信技术取得突破性进展

早在2013年10月18日,月球大气和尘埃环境资源探测器(LADEE)首次从月球轨道进行地月激光传输,NASA在位于新墨西哥州的白沙地面站接收到了激光信号,开始月球激光通信验证计划(LLCD)。2014年4月,位于西班牙加那利群岛的欧洲航天局(ESA)地面站的望远镜收到了美国国家航空航天局(NASA)LADEE的激光信号,传输速度达到80Mb/s,完成LLCD计划。NASA通过这次与ESA的激光传输测试合作,将ESA纳入其激光通信的航天任务中。目前,ESA正在改进激光通信技术,为今后的其他任务开展测试提供支撑辅助,其中包括了NASA刚运抵国际空间站的激光通信光学载荷(OPALS)系统和日本微小卫星光学应答器。2014年6月,美国NASA宣布,OPALS利用激光束把一段高清视频从国际空间站传送回地面,成功完成一种可能根本性改变未来太空通信的技术演示。

由于LLCD项目验证激光通信的时间特别短,NASA在LLCD基础

上提出激光通信中继演示计划(LCRD),LCRD将展示地球和高空卫星间的长时间激光通信。2014年4月,NASA与SEAKR公司签署了价值650万美元的抗辐照宇航级数字处理器组件合同,该处理器组件将用于激光通信中继演示计划,该技术充分利用了由麻省理工学院为NASA和国防部开发的光通信技术,将最终使NASA开发出具有成本效益的光通信系统和中继网络。LCRD将进一步完善激光通信技术,预计将在2017年完成演示。

2. Ka波段卫星通信技术得到进一步发展

目前,对地静止轨道上有近400颗卫星,技术成熟的C波段和Ku波段卫星数量已经达到饱和。在这种情况下,频段更高、容量更大的Ka波段卫星通信技术受到广泛关注。国外开展了面向Ka波段卫星通信的数据传输技术、机载终端和功率放大器技术的研发工作。

2013年11月,英国BAE系统公司和法国的EADS的子公司阿斯特里姆公司合作演示了Ka波段卫星通信支持无人机任务。无人机在任务中需要安全快速传递大量数据,但现有的卫星通信网正变得越来越拥挤。为解决这个问题,英国BAE系统公司的未来作战航空系统(FCAS)部门和阿斯特里姆公司合作,通过未来作战航空系统演示验证项目来演示Ka波段卫星通信系统支持无人机的任务。该演示试验将BAE系统公司最新的无人机任务系统和相关无人机控制站连接到阿斯特里姆公司的Ka波段卫星通信系统。该Ka波段卫星通信系统又能与模拟无人机真实飞行的地面试验床链接(这里安装BAE系统公司最新的无人机任务系统)。试验过程中,传输的数据由位于博伊敦的无人机地面试验床经阿斯特里姆工厂的卫星通信系统传输到贡希利唐斯卫星站,再由贡希利唐斯卫星站将数据经卫星通信系统传回无人机,完成四个"跳跃",距离144000km,超过地球到月球距离的1/3。

(二)发展无线通信技术,提高信息无线传输能力

无线通信是部队作战指挥的重要通信手段,具有建立迅速、机动灵活等特点,能够适应瞬息万变的作战环境。目前世界各国都在大力发展无线通信新技术,拓展通信带宽的同时,提升通信距离和抗干扰性,并改善通信系统兼容性。2014年,4G和WiFi技术成功在战术通信网络中进行了验证,增加了作战人员和指挥所的灵活性;高速激光通信技术得到验证,能够以无线方式高速传输音频、视频流;美国DARPA启动了"利用计算优势对抗监视系统"项目、"超宽频带可用射频通信"项目和"芯片式直接数字光学合成器"项目等提升无线通信抗干扰等性能;罗克韦尔·柯林斯公司提出网络战术网关(NTG)技术,能够提供与Link16、联合航空请求(JAR)和态势感知数据链网络的连接。

1. 4G LTE 和 WiFi 商业技术民为军用,提升战术作战能力

2014年,通用动力公司已经成功地验证了WIN-T和4G LTE无线宽带战术网络的连通性能。在新泽西州迪克斯堡的士兵使用智能手机进行拍照和收集信息,通过安全4G LTE网络将信息发送给其指挥官。该系统允许指挥官对部队成员的位置进行跟踪并在车载显示器上显示。另一方面,在验证区域的多个传感器可以通过WiFi宽带网络将ISR数据传输到配备网络的车辆,以模拟操作和指挥中心。通用动力公司的安全无线宽带网络可以使士兵通过智能手机或平板电脑更方便地访问情报,对士兵而言是一个显著的能力提升。

移动技术对作战人员的优势已经显而易见,而在指挥所应用方面同样具有一些很重要的功能。WiFi技术和4G LTE技术能够极大地消除在部署指挥所网络时布线带来的复杂度,允许作战部队更快地建立和撤离指挥所,让指挥所变得更加灵活敏捷。

2. 高速激光通信技术取得突破,增强无线传输能力

2013年11月,美国海军研究实验室(NRL)联合美国Exelis公司及其合作伙伴创新技术解决方案公司,成功完成战术视距光学网络(TALON)激光通信系统的系列评估,验证了运用激光技术,以无线方式高速传输音频、视频流的能力(图2)。

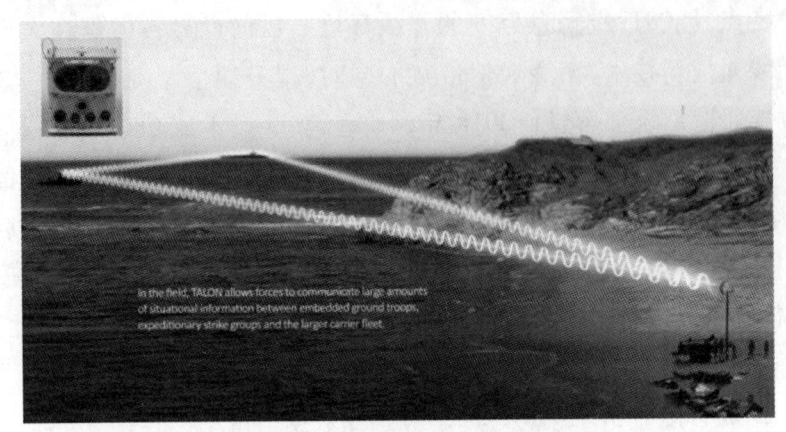

图 2　TALON 激光通信系统评估示意图

战术视距光学网络自由空间光通信系统是美国海军研究办公室资助的一项未来海军能力建设项目。美国海军实验室此次评估长达一个月,分 3 阶段分别在马里兰州切萨皮克海湾支队、中国湖海军航空武器站、加利福尼亚州海军陆战队彭德尔顿基地营进行。评估过程中,该系统演示了从固定和移动位置同时传输和接收音频和高分辨率视频流的宽带能力,传输速率可达 100Mb/s,该系统也可以采用美国海军陆战队的 2 个战术高架天线桅杆系统进行数据传输。

3. 美国空军研发安全无线电信号的微型收发机

2014 年 8 月,AFRL 与 NEXGEN 通信公司签署 840 万美元合同,为"利用计算优势对抗监视系统"(CLASS)项目研发安全无线电微型收发机模块。该模块具有动态宽范围的宽带自适应滤波和高效能的频分双工功能。CLASS 项目是 DARPA 实施的一项旨在创造更安全无线电信号的研究项目,其目标是开发模块化的无线电技术应用到现有的和未来无线电设备中,控制器成本在 100 美元以下。DARPA 正在从三个方面入手安全信号的研究工作:一是更复杂的波形设计;二是空间多极化,通过分布式通信"掩盖和动态改变信号的明显位置";三是针对干扰的开发,充分利用信号环境中的杂波,给敌方制造分离特定信号的难度。

4. 美国推出网络战术网关技术解决方案,加强网络连接

2014年5月,美国罗克韦尔·柯林斯公司公布了一项新的解决方案——网络战术网关(NTG)技术,它可以提供与Link16、联合航空请求(JAR)和态势感知数据链网络的连接。NTG首次披露于2014年的"勇敢探求"14.2演习,它是由美国国防部参谋长联席会议主持进行的空战评估,以对联合攻击、机动和系统概念进行评价,参与演习的国家有澳大利亚、比利时、加拿大、德国、丹麦、芬兰、法国、英国、荷兰、挪威、瑞典和美国。"勇敢探求"关注美国空军、陆军、海军陆战队、海军的协同,以及多国的协同。罗克韦尔·柯林斯公司表示该装置可接入网络的范围很广,搭载的平台丰富,包括军用车辆、直升机和固定翼飞机等。

5. 美国国防先期研究计划局研究超宽频带可用射频通信,增强抗干扰性能

2014年7月,DARPA发布了"超宽频带可用射频通信"(HERMES)项目招标书,研发确保可靠无线通信的超宽频带可用、具有巨大编码增益、自适应滤波的强抗阻塞抗干扰性能的先进通信技术,寻求传输射频信号的功率谱密度最小的通信方式,保证减少对其他有用信号干扰的同时,确保在拥挤的射频环境下可靠通信。

HERMES项目目标是发展具有10GHz的瞬时带宽的高宽带扩频通信链路,载频在20GHz以下,有效减轻大气传播的衰减;采用编码增益和频谱滤波技术抵抗,拥塞和干扰编码增益大于40dB;接收机能够保证对信号完整性影响最小的前提下,抑制大块频谱干扰。该项目包括两个技术领域:一是调研系统架构、信道传播因素、频率规划、信号处理技术,最终利用商用系统组建完成演示系统;二是全新光电接收机设计,包括手持无线电设备尺寸、重量和功率等因素。

6. 美国国防先期研究计划局将研发数字光学合成器芯片,实现太赫兹通信

在20世纪40年代,研究人员已经掌握了精确控制微波频率的方法,可使无线电波能够从相对低保真的振幅调制AM转换到高保真的频率调制 FM。这一成就被称为微波频率合成。目前的光通信技术采用与 20 世纪 40 年代的 AM 收音机相似的原理。由于光频率比微波高 1000 倍左右，难以精确地控制其频率，但正因为其频率较高，光通信及相关应用也具有比微波通信带宽大 1000 倍的潜力，如图 3 所示。

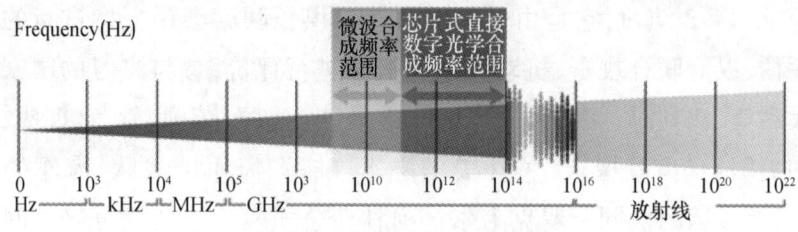

图 3 "芯片式直接数字光学合成器"项目频率范围示意图

随着政府和商业领域对通信带宽要求的持续提高，DARPA 启动了"芯片式直接数字光学合成器"项目，目标是像 20 世纪 40 年代利用电磁波那样挖掘光波潜能。目前的光学频率合成只能在实验室内进行，需要昂贵的设备支持。如果该项目获得成功，芯片大小的微型光学合成器将能使军用电子系统实现太赫兹频率下的高速通信。

（三）开发水下网络通信技术，满足军用通信能力要求

潜艇在水下安全通信方面一直存在着明显的局限性。为了解决潜艇在安全深度隐蔽通信的问题，各国海军一直在寻求更加有效的对潜通信手段。其中，潜艇拖曳浮标技术令人瞩目。此外，德国水下声学通信网络国际合作项目验证了水下移动数字通信网络，为未来海洋开发和探索奠定了坚定基础。

1. 英国开展"前卫"级潜艇替代型的通信浮标技术验证

2013 年 11 月，英国国防部开展"前卫"级潜艇通信浮标系统的第二阶段技术验证项目。验证项目的第一阶段包括对该系统的仿真和测试，为期 14 个月，已经完成。第二阶段合同为期 3 年，Babcock 和 SEA 两家公司将降低拖曳通信浮标技术的风险，交付一个全尺寸原型系统，并在作战环境中进行验证，以满足英国海军未来的通信要求。英国海

军希望拖曳潜艇通信浮标必须能够在全天候条件下接收甚低频信号。除了具备在复杂动态环境中运行的能力,浮标系统必须足够稳定和可靠,从而可以应对各种水流条件,比如来自各个方向的不规则波。

2. 美国国防先期研究计划局通过浮动光纤和网络浮标保持军用通信能力

2014年4月,DARPA发布了战术海底网络架构(TUNA)项目招标书,寻求在使用小直径光纤和浮标中继节点的竞争环境中,如何恢复已有的战术数据网的解决方案。TUNA项目前15个月为第一研究阶段,预算1550万美元,主要用于海底光纤网络使能技术开发。第一阶段可能会涉及建模、仿真、简化组件技术开发以及小规模的试验等,预计第二阶段将侧重于应用和集成研究,以及点对点海底网络通信样机开发。

3. 阿特拉斯电子公司成功验证水下声学网络通信技术

海底测量环境恶劣,极限水压、黑暗以及缺乏数据传输通道极大地限制了测量数据的获取,导致人类对于海底的认识还不如火星表面。虽然面临巨大的技术难题,但是海底无线通信在未来海洋研究和开发中扮演重要角色。

在德国国防军装备、信息技术与后勤服务联邦办公室与相关德国企业共同努力下,水下数字通信网络基础设施建设已持续数年。2014年5月,代号为RA-CUN的水下声学通信网络的国际合作项目在地中海拉斯佩齐亚军港成功进行了操作试验,验证了建立大规模水下移动数字网络并运行的技术可行性。试验向多国观察员演示的水下移动数字网络由16个通信节点组成,有两种运作模式。该项目旨在研发与验证在移动与固定节点间建立水下专用的稳定声学网络,参与国包括德国、意大利、荷兰、挪威和瑞典。RA-CUN项目研发的水下通信关键技术,将为未来海洋开发与探索水下通信奠定坚实基础。

三、军用计算机技术

2014年,传统军用计算机技术发展平稳,创新型技术突破显著。其主要体现在：传统超级计算机快速发展，推进战略技术创新；量子计算机基础技术多方面取得突破，为实现量子计算铺平道路；可穿戴式计算机与态势感知有机融合，增强单兵态势感知能力与特种作战能力。

（一）超级计算机快速发展，推进战略技术创新

超级计算机具有深远的战略意义，广泛应用于核武器研究和裂变仿真、导弹防御以及气候环境预测等军事领域，而且能够解决时间紧迫的复杂科学问题。世界各强国均把超级计算机作为重点发展。

1. 美国国防部继续推进高性能计算现代化计划

美国国防部推进高性能计算现代化计划（HPCMP），旨在增强其研究、采办和作战的各项技术创新。高性能计算系统是保障国防部科学家和工程师拥有最先进、性能最强大的计算工具的关键设备，可为计算流体力学、环境质量等多方面课题建模提供服务。

2014年2月，美国国防部与美国克雷公司签订总价值超过4000万美元的超级计算机采办合同，克雷公司为国防部提供3台克雷XC30超级计算机（图4）和2套克雷Sonexion存储系统。此次采办的克雷XC30超级计算机采用独特的Aries系统互连性、"蜻蜓"式的网络拓扑结构和创新型散热技术，Sonexion存储系统容量高达6PB，存储速度可达0.3PB/s。该超级计算机与存储系统可有机结合，完全满足国防部先进的计算环境要求。

图4 克雷XC30超级计算机

此次采办的3台超级计算机是国防部HPCMP的一部分。目前,3台超级计算机和2套存储系统已陆续交付。其中1台超级计算机和1套存储系统被部署至怀特·帕特森空军基地AFRL;另外2台超级计算机和1套存储系统已交付至海军斯坦尼斯航天中心的国防部超级计算资源中心。

2. 美国国家核军工管理局开发下一代超级计算机

2014年7月,美国国家核军工管理局(NNSA)与克雷公司考虑签署一份合同协议,开发"三位一体"下一代超级计算机,以推动完成"库存管理计划"任务。

"三位一体"超级计算机由NNSA负责总体管理,阿拉莫斯国家实验室和桑迪亚国家实验室共同推动,是NNSA先进模拟计算(ASC)计划的一部分。未来,"三位一体"超级计算机将安装在阿拉莫斯国家实验室的米特罗波利斯计算中心,并由阿拉莫斯、劳伦斯·利弗莫尔和桑迪亚国家实验室共同管理使用。"三位一体"超级计算机将用于核武器库存管理模拟,在不进行地下核试验的前提下,确保美国核威慑的安全有效。

按照计划,"三位一体"超级计算机预计2015年年中交付,其性能至少将是现在NNSA"大提琴"超级计算机的8倍。"三位一体"是ASC计划的首套先进技术(AT)系统,将使用新的计算策略,使得所有AT系统在为NNSA任务服务的同时也为ASC转向未来先进架构做准备。作为NNSA确保美国核威慑任务的一部分,ASC计划持续为NNSA提供具有领先地位的高端计算和模拟能力,满足NNSA的核武器评估与认证要求。

3. 英国核武器研究院配备新型超级计算机

英国核武器研究院(AWE)部署三台分布式超级计算机,将全面推进英国核武器相关开发与研究。2014年6月,AWE举行了正式落成仪式,标志着SGI高性能计算公司的ICE X系统进入运行状态。

英国加入了全面禁止核试验条约,提高了其核武器模拟实验对高性能计算的需求。新配置的ICE X超级计算机系统(图5)将用于核弹头全寿命周期管理(包括最初概念、评估和设计到部件制造和组装,以及服役保障、退役和处置),通过模拟运算来验证管理方法的安全可靠性。此外,该超级计算机还将用于未来核武器问题研究,以及进行一些战略性科学研究。

图5　ICE X超级计算机

(二) 量子计算机基础技术取得多项突破,为实现量子计算铺平道路

量子计算机具有重要的战略意义,与传统的电子计算机相比,它具有更高的理论运算能力、更小的体积以及更低的能耗,因此,西方发达国家投入大量人力、财力研究量子计算机,2014年多项基础技术取得突破。

1. 美国国家安全局秘密研发量子计算机

2014年1月,爱德华·斯诺登泄露文件显示美国NSA正在秘密研发量子计算机,将可破解大多数加密数据。

根据《华盛顿邮报》报道,美国NSA计划研发出能破解大部分加密算法的量子计算机以及相关应用程序,其目的是提高该机构的监测能力、破解主要的加密系统,从而使NSA能暗中监视其他国家的间谍应用程序和银行平台。

该消息来源依据爱德华·斯诺登泄露的文件。根据报道,研发量子计算机可用以破解保护全世界敏感数据的加密代码。据分析,其研发过程需要数年。此外,量子计算机的应用将不局限于密码分析,还可扩展到其他行业,如工业和制药。据悉,NSA 研发量子计算机由代号为"穿透坚硬目标"的研究项目提供部分资助。即使在预算紧缩的情况下,美国政府仍为该项目保留 7970 万美元。

2. 美国海军研究实验室制造出统一尺寸量子点

2014 年 6 月,美国 NRL 宣布成功制造出具有统一尺寸的量子点,这一量子领域的重大突破或将对量子计算等众多领域产生重大影响。

量子点是具有量子机械属性的纳米晶体。有些量子点由几十万个原子组成,但量子点的尺寸、形状和排列各不相同,尤其是量子点的尺寸呈非均匀分布。由来自美国 NRL、德国 PDI 固体电子学研究所和日本 NTT 基础研究实验室的研究人员组成的研究团队使用扫描隧道显微镜能够按照事先设计的形状逐个原子地构建量子点(最多可构建出由 25 个原子组成的量子点),消除了一直困扰业界的量子点尺寸分布不均问题。其成果发表在英国《自然纳米科技》2014 年 7 月刊上。该技术或将推动纳米光子学、量子计算等众多领域的发展。

3. 美国研制新型激光发生装置或推动量子计算机研发

2014 年 7 月,美国达特茅斯大学的研究人员研制出一种新型激光发生装置,该装置可以利用单个人工原子生成并发射光量子。该新型激光器是首个完全依靠超导电子对产生激光的装置,或将对量子计算机的研发产生决定性影响。

该新型激光器使用的人工原子是由纳米级超导电子对组成,通电后,人工原子产生激光,受激电子在两个超导"镜子"(超导量子干涉磁量仪)间产生光量子。这种新型激光发生装置能将电能转化为光能,降低了产生光量子的难度,且产生的光量子可携带量子信息,用于量子计算机内部的信息传递。自然原子难以操控,而人工原子可用于构建量子芯片上的电路,因此,这种新型激光发生装置为量子计算技术的基础器件研发提供了新的可能。

119

4. 研究证实量子物理可实现一次性计算机安全存储

量子物理学未来可提高计算机系统安全性。NIST最近一项研究已设计出一种安全装置,可用作创建"一次性"存储单元,其存储内容只能被读取一次。

该研究从理论上显示出如何利用量子物理学定律构建这种存储设备。一次性存储将具有广泛的应用可能,如秘密消息传递。在此过程中,一次性存储将包含两个授权码:一个授权码认证消息发送人,另一个授权码认证消息接收人,以防传递取消。重要的是,这种存储方法只能被读取一次,因此只有一个授权码能被检索,并且这两个行动中只能执行其中一个,而不能两个都被执行。

当秘密信息存储设备已被敌人控制,只有软件防御并不足以保证其安全,而是需要使用防篡改硬件。此外,为了保护重要系统,即使加装了复杂的防御软件,该系统仍有可能被攻击。更有效的方法是依赖于无懈可击的基本自然定律。然而,研发防篡改芯片并不能从根本上解决该问题,事实上传统物理学无法解决该问题。为此,科学家试图采用量子物理学,编码成量子系统的信息具有与传统系统不同的运行方式。使用"量子比特"(qubits)存储数据,利用所谓的"共轭编码"技术,两条机密信息(如独立的授权码)可被编码成相同的"量子比特"字符串,因此用户能检索两条信息的其中一条。但"量子比特"只能被读取一次,因此用户不能检索全部两条信息。

这种方法的风险在于一种微妙的量子现象:量子纠缠。在此现象中,即使间隔很远的距离,两个粒子会互相影响。如果敌人能利用量子纠缠现象,则能一次检索两条信息,可破坏此方法的安全性。然而,在某些特定种类的物理系统中,非常难以形成并利用量子纠缠。如果敌人不能在攻击中使用量子纠缠,那么敌人将永远不能从"量子比特"中检索两条信息。因此,如果使用合适的物理系统,共轭编码方法始终是安全的。

5. 美、英研究人员加强可编程量子计算机发展

2014年4月，美、英两国联合进行的一项量子力学的概念验证性实验取得进展，该成果将有助于可编程量子计算机的未来发展。

量子计算研究在过去几年取得了稳步增长。从原理上，传统计算机通过控制集成电路来实现数据的存储与计算，只能表示0与1；而量子计算机则希望通过控制原子或小分子的状态来实现数据的存储与计算，可同时表示多种状态。因此，量子计算机的速度远远高于传统计算机，一台大型传统计算机需要数十年才能计算完的问题，在一台小型量子计算机上只需要几秒钟时间。

本次实验，美国芝加哥大学詹姆斯·弗兰克研究所和英国伦敦大学纳米技术中心的研究人员通过全新的体系结构，利用量子力学的原理和量子退火算法解决了具有几百个城市规模的"货郎担"问题。时间效益给予研究人员解决复杂问题的曙光，尤其是对于具有NP完全性的组合优化问题，例如"货郎担"问题。该问题描述为：有 N 个城市，这些城市之间的距离并不相同，有一个货郎从某个城市出发，求解他经过其他城市一次且仅一次，最后回到出发城市的最短总路线。（注：NP完全性问题指非多项式算法问题，求解时间将随计算规模产生指数级增长，NP完全性问题被评为21世纪七大世界级数学难题之首，目前尚未被解决。）

基于热波动原理的柯氏模拟退火算法将经典退火算法用于组合优化领域，量子退火[①]是在其基础上，通过引入一个假的温度变量来实现在状态空间中搜索目标函数的最小值问题。量子退火是利用量子的波动性来构建优化算法的，量子波动使得量子具有穿透比它自身能量高的势垒的能力，称为量子的"隧穿效应"，该现象不能用经典牛顿力学进行预测。通过在经典物理系统中引入穿透场，能够搜索系统的势能

---

① 退火算法是一种概率计算方法，该算法对冶金学的退火过程进行模拟，原理是：从解空间内的任意一点出发，每一步先选择一个"邻居"，然后再计算从现有位置到达"邻居"的概率，通过概率收敛，退火算法可得到全局最优解。

最小值,步骤为:一是使穿透场能量保持一个较大的值(以便提供足够大的波动,使得粒子能够探索整个能量空间);二是按照一定的策略逐渐减小穿透场能量,直至为零;三是系统最后停留的那个状态就是找到的能量最低态。研究团队为实验选取了一种含有数万亿个自旋量子的特殊磁性晶体,可根据磁化方向进行振荡及自旋。研究人员通过控制可将其运动限制为向上或向下两个方向。另外,该晶体在温度接近0K(零下273℃)时,可通过冷冻箱内蓝宝石材质的控制杆与晶体的接触多少来实现退火算法的速度和强度控制。在同一时间,量子退火算法的速度可通过量子隧道中的磁场来控制。

(三)平台专用计算机升级,提升武器装备性能

专用计算机一直是武器装备平台中不可或缺的重要部分,其性能的提升能够显著提升平台指控、预警探测能力。

1. 美国海军升级直升机任务计算机,提升综合航电系统能力

2014年4月,美国海军航空系统司令部启动AH-1Z和UH-1Y直升机升级第三代任务计算机项目,将花费1060万美元,由诺·格公司为直升机升级第三代任务计算机——FlightPro Gen Ⅲ,预计2016年4月完成交付。

该任务计算机是诺·格公司"综合航电系统"(IAS)的心脏。任务计算机用于控制IAS、战术性移动地图界面,并显示态势感知和飞行监测信息。此外,IAS及任务计算机具备开放式、模块化架构,方便进行系统升级和采用新技术。

第三代任务计算机的可靠性和卓越品质已在飞行测试中得到证明。其先进的计算和视频处理能力有助于确保飞行员安全。该系统共有4台显示器,能全面显示关键任务数据,减少工作量,提高机组人员的态势感知能力。该计算机还具备即插即用性,升级后将显著改进系统可靠性和可维护性,降低全周期成本和培训成本,减少物流成本。此外,直升机升级后计算机所采用的软件由诺·格公司提供,保证软件

100%的通用性。

2. 美国海军采办战机用反雷达导弹控制计算机

2014年9月,美国海军航空系统司令部与雷神公司签订价值2460万美元的合同,用于生产导弹发射控制计算机。该机载控制发射计算机可将美国海军波音F/A-18E/F"超级大黄蜂"舰载轰炸机、EA-18G"咆哮者"舰载电子攻击机的机载传感器与雷神公司的AN/AGM-88高速反辐射导弹(HARM)连接起来,以控制AN/AGM-88的发射。在此次采办的158台控制发射计算机中,美国海军采办121台,澳大利亚海军采办37台。雷神公司计划于2018年2月完成并交付。

此次采办的CP1001型导弹控制发射计算机将作为智能化的美国军标-1553B数据总线终端,为反雷达武器和战机提供数字接口。该计算机可与F/A-18E/F战机和EA-18G战机的雷达告警接收机紧固对接,接收导弹和机载电子设备获取的目标数据,数据经计算机处理后呈现给飞行员,飞行员在计算机自动目标排序的基础上确定攻击目标及其优先顺序,计算机将搜集到的战机数据和目标数据传输给导弹并进行发射,使得AGM-88高速反辐射导弹最终摧毁敌方雷达设施。

雷神公司的AGM-88高速反辐射导弹是美国海军和空军联合开发的项目,旨在压制、摧毁地对空导弹雷达系统和雷达制导的防空火炮系统。机载AGM-88高速反辐射导弹有三种工作模式:先发制人模式、传感器模式和自防护模式。该导弹可部署在美国海军、空军和海军陆战队的F-16和F/A-18等战机上。

目前,雷神公司正在开发控制改进型高速反辐射导弹,该升级版反辐射导弹增加了GPS接收机,改进了用于精确导航的惯性测量装置,其弹载数字计算机还能够接收并处理导航系统与搜索系统的目标数据,提升导弹的攻击和控制能力。

(四)可穿戴式计算机与态势感知有机融合,增强单兵态势感知与特种作战能力

2014年度美国陆军协会(AUSA)展会上,雷神公司推出可穿戴计算机Intel-Ops(图6)。该计算机系统将可穿戴计算机技术和态势感知能力有机融合为一体,为指挥员和士兵提供了增强型实时战场视景。Intel-Ops可穿戴计算机重量轻、体积小、能耗低,符合单兵机动性要求,可在-10~55℃温度下工作,具有耐水、抗冲击能力(1.5m高自由跌落在地面),工作海拔高度可达3km。此外,Intel-Ops还有效提高了单兵情报和作战信息的战场战术优势。

图6 Intel-Ops可穿戴计算机

目前,雷神公司侧重布局"空中勇士"可穿戴计算机技术,并将其与陆军分布式地面系统互联,当通信带宽受到限制时,可在一定区域内形成自组网进行相互之间的情报信息共享。按照计划,Intel-Ops可穿戴计算机已于2014年10月底在美军特种部队展开演示验证。

四、军用软件技术

2014年,除了飞机、导弹、航天器等领域的软件规模在不断增长外,其他军用信息系统的软件规模也高速增长。软件开发技术侧重于提升开发效率、增强软件安全可靠性,以及促进大型武器装备的跨越式发展和多样化应用。与此同时,军用信息系统软件研发管理仍存在诸多问题。军用软件技术在已有的基础上呈现出整体平稳发展,局部有所创新的态势。

(一)软件开发技术不断创新,以提升军用软件的安全和可靠性

随着现代战争节奏的不断加快,信息技术的不断发展,武器装备对所需军用软件的开发效率和安全可靠性都提出了新要求。军用软件平均开发周期正不断缩短。为了既提升开发效率又保证军用软件安全可靠,DARPA不断创新软件开发技术。

1. 美国国防先期研究计划局开发革命性技术解决软件时空脆弱性

2014年9月,DARPA启动"网络安全空/时分析"项目(STAC),开发能够解决软件算法内在时空脆弱性的革命性技术。

美国国防部通常采用防御性技术应对黑客借助算法缺陷实施的攻击,随着防御性技术的发展,黑客转向利用软件算法自身的弱点进行网络攻击,而传统的防御性技术无法减弱软件算法内在的脆弱性。DARPA的"网络安全空/时分析"项目旨在确定软件算法在应用时存在的空间和时间上的内在脆弱性,以期通过减少内在脆弱性来防止服务阻断和阻止信息泄漏。

"网络安全空/时分析"项目将寻求新型分析工具,不仅能让分析人员找到算法的内在脆弱性,而且能够预知算法脆弱性的泄漏点和可能出现拒绝服务的网络点。这些新技术和分析工具将对至关重要的政府、军事和经济软件进行系统性扫描,排查软件算法脆弱性。同时,该项目还需达到一定的软件规模和速度。项目开发的技术应能处理从几千行代码到上百万行代码的大型软件,并通过提高精度、减少人工注释分析来加快扫描速度。

该项目将包含4个主要的技术小组:技术1组(TA1)为研发组,开发新型分析工具与技术;技术2组(TA2)将开发包含算法脆弱性的程序,用以衡量技术进步水平;技术3组(TA3)为控制小组,将是研发团队的基础对照组；技术4组（TA4）将选定一个实验性的负责人，负责制定实施计划、管理具体的行动并搜集测试结果。

2. 美国国防先期研究计划局开发辅助工具促进编程自动化

2014年11月，DARPA投资1100万美元启动PLINY项目，开发自动化编程工具——PLINY。即使开发者使用不同计算机语言，PLINY也能够做到分析文本，并读取代码表达的意思。

该项目将由赖斯大学、德克萨斯州大学奥斯汀分校、威斯康星大学以及专门制作开发工具的GrammaTech公司共同完成。PLINY项目将会索引互联网上海量的开源代码，来搭建代码预测引擎。PLINY能够做到定位软件缺陷和安全漏洞。

PLINY项目从研究互联网中的开源代码开始，这些代码通常来自提供主机服务的GitHub和Sourceforge，以及其他的开源项目，如Apache Foundation。此外，PLINY希望代码自动填写项目能够开发出企业版本，用于索引大公司和企业的软件程序。PLINY同样建立了数据库系统用来存储和分析代码，这为建立优化代码索引提供了多种方法，提高了代码的质量。程序能够自动识别"特殊代码"，并且给予优先等级。

（二）软件技术成为研发重点，促进大型武器跨越式发展

美国海军陆战队计划于2015年7月使洛·马公司F-35战斗机获得初始作战能力。洛·马公司必须完成对该战机的多个传感器数据进行融合并投送武器的软件开发。该软件技术若得以实现，将会使战机实现跨越式发展。

洛·马公司为美军制造了3种型号的F-35隐身战机。其中，美国海军陆战队将于2015年开始使用其F-35B型战机，美国空军已计划于2016年中期开始使用其常规起降的F-35A型战机，美国海军将于2018年底开始使用航母舰载型F-35C战机。

为确保海军陆战队2015年的初始作战使用，F-35战机项目重点研究软件技术。相关官员已开始研究工作，以确保为海军陆战队制造

的F-35战机在飞行试验中发现的问题得到修改,为战机的初始作战使用做好准备。空军克里斯·波格丹中将约在一年前接管价值3920亿美元的F-35项目,他表示,当前对于F-35战斗机的批评主要在于项目延迟和技术不足,对此,美军均有信心应对,目前,F-35战斗机项目进展良好,而战斗机成本也在逐年下降。到2015年,F-35战斗机项目还有很多事情必须部署到位,其中,最重要的是项目的软件问题。软件是项目的第一关键问题,单是F-35战斗机本身就有超过850万行的代码,而其相关系统还有1100万或1200万行代码。

虽然在某些方面,包括机动急转弯能力,F-35战机与当前战机不相上下甚至还略低于当前战机水平,但是战机若拥有从许多不同传感器中融合数据并与其他飞机共享数据的能力,将会使得该战机远远优于当前战机。若要使飞机在传统飞机的基础上取得跨越式发展,就需具备以下能力:当该飞机接近其他飞机和威胁时,飞机能了解周围所发生的情况,获取这些情况的信息,并将信息以清晰图片的形式传输给飞行员,然后再将图片传输给其他人员。该软件将提供"360°全方位态势感知"能力,目前软件试验进展顺利。该软件若研发成功并得以验证,将是当前水平的一个飞跃,软件会提高作战空间的每一名作战人员的智能水平。

(三)软件应用趋于多样化,用以解决多方面的难题

软件应用技术向多样化发展,帮助解决诸多问题。雷神公司为美国陆军研发电子战计划和管理工具软件,帮助实现空、地电磁频谱同步联合作战;洛·马公司开发防空反导软件,增强战场态势感知和协同作战的能力;富士通公司开发软件防止网络空间攻击扩散,应对时间减少至原来的1/30。

1. 雷神公司为美国陆军研发电子战计划和管理工具软件

2013年12月,美国陆军与雷神公司签署价值9785万美元的合同,参与设计、开发陆军电子战计划和管理工具(EWPMT)软件项目,用于

干扰敌方通信、远程控制爆炸物、管理雷达系统和管理其他保护美国及其盟国的射频系统资产。

EWPMT项目是陆军一体化电子战系统(IEWS)的组成部分，是一种基于网络的软件系统，IEWS系统及其EWPMT规划软件可使美军具备干扰诸多威胁的能力，干扰范围包括从手机、近发引信武器到雷达系统，以及无人机数据链。

项目于2013年7月启动，计划由6家公司共同承担。陆军2013年7月首先与Sotera公司签署价值9760万美元的合同，用于协助指挥官下达命令、协调人员和提高电子战的实时性。雷神公司是第2家参与承担该项目的企业，与陆军签订了一项不定期交付、不定数量的软件开发合同，参与该项目的设计、开发、集成、测试，预计历时5年，于2018年完成并交付。

该软件系统将帮助陆军将分布式电子战系统协调整合为战术网络，帮助电子战系统与火炮和迫击炮装置相结合，帮助实现空、地电磁频谱同步联合作战。

EWPMT将协助指挥人员制定电子战命令，评估、规划和使用电子战资产，使用武器或干扰机进行电子战瞄准，并进行电子战毁伤评估和电子战行动步骤的风险评估。EWPMT还能整合友军、敌军和未结盟国家的射频信号数据，帮助计划和管理跨军事作战范围的电子战能力。陆军希望EWPMT能通过识别美国与其盟国电子战系统间的潜在频率冲突，减少来自友军的通信和雷达干扰。EWPMT还能以图形方式显示友军发射器受干扰、破坏和性能降低的情况，使得执行电子战任务的人员选择合适的电子战技术或将电子战资源转移到其他部队以提供增援；EWPMT能够指导进行任务后分析，重新配置电子战资产以帮助瞄准敌军发射器。

2. 洛·马公司开发防空反导软件

2014年2月，美国空军与洛·马公司签署一份价值800万美元合同，研发一种具备防空和反导能力的软件，该软件将被集成到美国空军空中作战中心,能提高美国空军分析多渠道信息的能力,增强战场态势感知和协同作战的能力。

洛·马公司表示,该软件将不同的武器和传感器数据与基于地图的规划工具和决策辅助工具连接到一起,在通用系统上集成导弹防御数据源,可使操作员能够轻易地生成和发布规划的战术作战文件,快速协同地规划任务,创建区域空中防御计划。

此外,该软件不仅可实现快速和频繁的系统升级和技术嵌入,而且还可以与传统系统进行集成。洛·马公司信息系统和全球解决方案分部负责指挥、控制、通信、计算机、情报、监视和侦察(C^4ISR)业务的副总裁罗伯·史密斯称:"我们的目标是提升所有作战司令部的态势感知,促进协同规划。"美国空军寿命周期管理中心和兰利空军基地的空中作战司令部是此次集成的防空反导规划软件的发起者。

3. 富士通开发软件防止网络空间攻击扩散

2014年5月,富士通成功开发了防止网络空间攻击扩散的软件。该软件的成功开发,使检测到计算机病毒后的通信切断等应对时间减少至原来的1/30。而之前依靠人工操作的初期应对也实现了自动化。随着以企业为目标的网络空间攻击日益巧妙复杂化,相应的应对措施亦成为核心问题。该软件将于今年8月开始向各大企业销售。

新软件将与内部网—互联网连接检测器之间实现信息交换。一旦检测到病毒,软件会自动判别危险系数,定位感染了病毒的终端,并根据需要采取切断与外部的通信等措施。

像这样的第一应对措施,现在1min以内就能完成,而以往普遍需要30min左右。如此一来,以富士通集团350家企业积累的数据为基础的判断标准和应当采取的措施步骤模式化的时间便缩短了。

除了及时的第一应对措施外,企业内部的受害信息收集也实现了自动化。之前平均需要3天才能平息的麻烦和混乱,据估算,现在1h之内就能完成。

（四）对军用信息系统建设进行评估，软件研发管理仍存在诸多问题

军用自动化信息系统（MAIS）主要包括海军陆战队全球作战支援系统（GCSS-MC）、国防卫生局的战区医疗信息项目系统（TMIP-J），以及海军综合水上网络和企业服务（CANES）等。这些都是典型的军用信息系统软件开发项目。

2014年3月，美国政府问责署（GAO）完成了重大MAIS项目的第二阶段评估，评估结果并不理想。此次评估的目的主要有：一是描述所选的重大自动化信息系统项目是否按预计的成本和进度推进，是否满足性能指标要求；二是评估所选的重大自动化信息系统项目管理风险的行动；三是评估所选的重大自动化信息系统项目的信息技术采办最佳方法的利用程度。

GAO选取国防部42个重大自动化信息系统项目中的15个项目，对整个项目的成本、进度及性能的分析结果进行总结。此外，报告还选取了15个项目中的3个项目，分别为国防后勤局的"国防业务局行动"（DAI）项目、海军陆战队的"全球作战支援系统—海军陆战队项目"（GCSS-MC）项目、国防卫生局（DHA）的"战区医疗信息项目—联合增量2"（TMIP-J）项目，评估这3个项目的风险管理、需求管理及项目监督与控制的最佳方法。

接受评估的15个项目中，有2个完成预算，4个实现节约成本，7个则超出预算4%～2233%不等，另有2个成本信息不明；1个项目进度超预期，1个项目按期完成，12个则出现了不同程度的延期（5个月到6年不等），另有1个进度信息不明；3个项目实现预期目标，8个项目没完全实现预期目标，尚有4个项目系统性能数据不可用。从整体上看，只有3个项目完全控制在预算和进度计划以内，并完成了系统性能目标。即使是在这3个完成较好的项目中，仍在有效定义和管理各层级风险上存在差异。

所选取的3个项目在监管控制方面,均存在缺陷。例如,DAI项目并未跟踪性能方面的重大偏差;GCSS-MC项目未及时采取纠正措施来解决问题;TMIP-J项目未使用净值管理方法记录性能,同样,项目还未有效确定计划进度。

未来,军用信息系统软件研发项目中应吸取相关经验,采取措施改善风险管理程序,加强风险管理。

五、隐身与反隐身技术

隐身技术与反隐身技术的发展相互制约、相互促进。2014年,为了争夺未来信息化战争的主动权,各国继续发展隐身技术,开发新的宽频段隐身材料,探索新的隐身机理(使红外光弯曲),并将其应用到作战飞机、无人机等各种武器装备中,提高其突防能力。同时,各国运用已有反隐身技术,提高探测装备的反隐身能力,并开发采用新机理的反隐身探测装备(如太赫兹雷达),为探测隐身目标提供新的技术手段。

(一)雷达隐身与反隐身技术应用范围不断扩展

1. 雷达隐身技术开发和应用取得新进展

2014年,隐身材料开发取得新进展。韩国公司开发出宽频段雷达吸波材料。各国广泛采用外形设计等雷达隐身技术、无源探测技术、智能蒙皮技术,发展隐身战斗机和无人隐身空战飞机,提高其突防能力。

1)韩国公司宣称开发出宽频段雷达吸波材料

2014年3月,韩国科尼国际公司宣布,已经开发出一种在任何频率下反射率低于10dB的雷达吸波材料(RAM)。该公司董事长崔在哲表示:"科尼公司的雷达吸波材料在几乎所有频率都具有很强的雷达吸波能力。这些材料可用于多类武器平台,如战斗机和军舰,将更大程度地提高其生存能力和执行任务的能力。"韩国海事和海洋大学在2013年对科尼公司雷达吸波材料的性能进行评估时表示,其吸收率最高时可达到98%。该大学无线电科学和工程系教授金东一称,雷达吸波材料通常在某一个特定频率范围内吸收雷达波,但科尼公司的雷达吸波材料经测试,在宽频段范围内都具有卓越的电磁吸收性能。韩国科尼国际公司成立于1986年,长期从事商用和军用微波吸收材料的开发。在20世纪80年代后期,该公司曾为韩国海军军舰提供雷达吸波材料。

2)英国无人空战飞机应用多种隐身技术,将实现宽频段隐身性能

2014年2月,英国BAE系统公司研制的"雷神"无人空战飞机通过应用雷达隐身外形设计技术和创新的高精度、无源导航和制导系统,将实现宽频段、全方位隐身性能。

"雷神"无人机采用翼身融合,无尾部翼面型设计,以实现宽频段、全方位隐身能力。"雷神"机翼前缘高度延伸,可降低正面对所有雷达发射信号波长的雷达反射截面积,比起大部分翼身融合无人机,其双V形机翼后缘更强烈地延伸。不同于诺·格公司的X-47B或达索公司的"神经元"无人机,"雷神"没有短翼弦的翼截面,最短翼弦长度超过3.35m。这表明"雷神"无人机的设计可能是为了避免被甚高频预警雷达发现。甚高频雷达能探测到在尺寸上接近其发射信号波长的机翼和尾翼面形状。在此情况下,飞机机体的雷达反射截面积是因"共振"现象而增大的,与其形状无关。

"雷神"的飞行控制系统引人关注。机翼后缘有两个大型升降副翼面,并在两端有深度的"猫眼"开孔,当升降副翼移动时可避免形成直角,并且翼面很厚。升降副翼外侧是上下分布的嵌入式控制面,升降副翼将提供冲力和转动力,嵌入式控制面可作为转动阻力板和减速板,并且与偏航控制有所区别。X-47B上部使用类似的控制面,但嵌入式控制面打开时不能隐身。这种一体式升降副翼不能提供偏航输入。"雷神"没有提供偏航控制的装置,其偏航控制可能使用推力矢量。

"雷神"最有可能使用称为"即时定位与地图构建"(Slam)概念的导航和制导系统。BAE系统公司的澳大利亚分公司正在研发基于Slam的高度自主系统,并负责"雷神"的导航和制导装置研发。Slam系统使

用无源传感器,不会因导航而暴露飞机的位置,适合隐身飞机使用。

3) 美国海军正在研制大型隐身无人作战飞机

2013年12月,美国海军主管空战的少将在接受海军媒体采访时透露,正在研制的"航空母舰舰载无人空中监视打击系统"(UCLASS)无人机的起飞重量将达到31.8~36.3t,比X-47B舰载无人作战飞机技术验证机的20t大得多。该机的尺寸将与F-14舰载重型战斗机相当。该机将能连续飞行14h,除用于情报、监视与侦察和打击任务之外,海军还希望该机可用作空中加油机,以延伸其舰载战斗机特别是F-35C战斗机的航程。UCLASS飞机不会具备和F-35C战斗机同等的隐身能力,这样会超出需求,但该机将会具备某种程度的隐身能力。为了能对敌方综合防空系统实施侦察打击,海军要求它具备多频段隐身(包括对低频雷达的隐身)能力。

4) 俄罗斯T-50战斗机具备较强隐身能力

2014年1月,俄罗斯国家技术公司称,现在正在进行飞行试验的苏霍伊T-50第五代战斗机拥有比美国F-22战斗机更小的雷达反射截面积,因而具备更强的隐身能力。

苏霍伊航空公司设法大量减少T-50战斗机的雷达反射截面积,使得T-50战斗机雷达反射截面积平均值在0.1~1m²之间。为此,设计者将战机所有武器移到飞机内部,还改变飞机进气管形状,同时,在进气管表面增加可吸收雷达电磁波的雷达吸波材料涂层。由于采用这些技术措施,现在T-50战斗机的隐身性不仅超过俄罗斯的所有其他战斗机,而且还超过国外战斗机(如美国F-22的雷达反射截面积为0.3~0.4m²)。

5) 日本隐身战斗机原型机首飞将推迟到2015年

2014年4月,日本防卫大臣重申了先进技术验证机-X(ATD-X)将于2014年首飞的计划。7月,日本展示了首架样机。然而,日本媒体于2014年8月报道,首飞可能推迟至2015年进行。

ATD-X也称为"心神"战斗机。它是日本替代现役F-2国产战斗机的下一代试验性国产战斗机,但不是其下一代国产战斗机的生产性样机。它由日本防卫省技术研究本部研发,主承包商为三菱重工。为兼顾机动性和隐身性能,ATD－X采用平整表面和圆角的外形设计和综合飞行/推进控制技术。为了确保其隐身性能,该机配备的有源相控阵雷达采用了瓦片式相控阵天线,使机体与雷达天线浑然一体,降低了对雷达电磁波的反射,但其发动机的喷气管未隐蔽,隐身性能将大打折扣。

2. 多种探测装备运用不同技术,提升雷达反隐身能力

随着隐身战斗机、巡航导弹和无人机的发展和大量部署,迫使各国加速雷达反隐身技术的发展。2014年,美国称E－2D预警机可能成为反隐身的秘密武器,并正在研制具有反隐身能力的太赫兹雷达。俄罗斯启用双基地超视距雷达,提升防空系统的反隐身能力。

1) 美E－2D预警机可能成为反隐身的秘密武器

2014年6月,美国海军学会网站发布的一篇名为"雷达与隐身"的文章称,美国诺·格公司的E－2D"先进鹰眼"预警机可能成为美国海军对抗第五代隐身战斗机的秘密武器。它配备的超高频(UHF)机械扫描/电扫描相结合的AN/APY－9雷达具有强大的反隐身能力。超高频和甚高频(VHF)雷达发射信号的波长较长,能与被探测隐身飞机某些构件产生共振来发现隐身飞机。AN/APY－9雷达工作在300~1000MHz之间,波长在1~0.1m之间。通常,隐身战斗机对工作在Ka波段、Ku波段、X波段、C波段,以及部分S波段的雷达的隐身性能最好。当飞机的某个部件(如尾翼尖端)的尺寸小于雷达工作频段波长的8倍时,便会产生共振效应,而全方位的共振效应会使飞机的雷达反射截面积急剧增加。这样,超高频雷达便可成为隐身的有效对抗手段。当前,只有不具备突出尾翼面的超大型隐身飞机,像诺·格公司B－2隐身轰炸机或美国即将研发的隐身远程打击轰炸机,才能够满足几何光学散射原理需求,不会被E－2D预警机发现。而对于具备产生共振效应特征的飞机,包括中国的歼－20、歼－31,俄罗斯的T－50,以及美国洛·马公司的F－22战斗机和美国三军种通用的F－35联合攻击战斗机,均可能被E-2D预警机的APY-9雷达发现。

传统的超高频和甚高频波段雷达都有一些缺陷。它们的角分辨率和距离分辨率较低,无法提供精确的目标定位和火力控制。然而,美国的诺·格公司和洛·马公司似乎通过整合雷达的先进电子扫描能力与计算机强大的空时自适应处理能力,使APY-9超高频波段雷达没有传统超高频雷达的局限性。APY-9雷达拥有3种不同的工作模式,分别为:①先进的机载预警监视模式,雷达天线在预警机天线罩内能每10s旋转360°,对远距离隐身目标进行探测;②增强的扇形扫描模式,天线机械旋转,但操作人员可选取天线旋转的某一特定扇区,放慢旋转速度,重点对该区域进行探测;③强化的扇区跟踪模式,天线停止机械旋转并单纯地进行电子扫描,以快速跟踪目标,通常可有效探测隐身目标(通过采用更长的照射驻留时间)。

2)俄罗斯启用双基地超视距雷达,提升反隐身能力

2013年12月,俄罗斯空天防御部队已经正式启用29B6型"集装箱"超视距雷达系统,并将其部署在俄罗斯西部军区。

在完成初始研发与试验后,第一套"集装箱"雷达已经于12月2日投入作战值班。29B6型"集装箱"雷达为双基地雷达系统,具有独立的发射器和接收器,发射器与接收器之间的距离相隔250km。雷达发射频率为3~30MHz,信号经电离层反射,具有对目标的超视距探测能力。通过采用单一的信号反射器,其探测精度比冷战时期的超视距雷达有明显改进,并能监视3000km的范围,探测巡航导弹、无人机等高机动性的空中目标。隐身飞机采取隐身外形设计和雷达吸波材料,主要使正前方仰角±30°、方位±45°范围内对微波雷达的雷达反射截面积大幅降低。而针对采用较低频率从上而下对隐身飞机的背部进行照射的超视距雷达,其隐身性能较差。因此,俄罗斯空天防御部队启用29B6型"集装箱"超视距雷达,将有助于提升反隐身能力。

3)美研制太赫兹雷达,探索新型反隐身雷达技术

2014年2月,美国空军喷气推进实验室邓格勒研究员在加利福尼

亚专科大学做的"用于远距离人员检查的太赫兹雷达"技术报告中称，空军喷气推进实验室研制的工作在0.6THz的雷达能迅速探测出25m外隐藏武器的人员。该太赫兹雷达有如此高的分辨率是因为采用了频率调制连续波雷达技术。与传统微波雷达相比，太赫兹雷达的波长更短，能提供更宽的带宽，能对目标实现高精度成像。太赫兹雷达发射的波束极窄，可提高对多目标的区分和识别能力。由于太赫兹雷达具有极宽的带宽，不管目标采用外形隐身还是雷达吸波隐身，对它都"无处遁形"，因此它又是一种反隐身雷达。但是，目前的太赫兹雷达的发射功率太低（毫瓦级至瓦级），还不能对数百千米外的目标进行有效探测。此外，频率调制连续波雷达具有距离分辨率高、发射功率低、接收灵敏度高、结构简单等特点，相对于脉冲雷达，其反隐身能力更强。2006年，由美国空军喷气推进实验室邓格勒研究员和库柏研究员成功研制出第一部0.6THz的高分辨率成像雷达就采用了频率调制连续波雷达结构，达到了几厘米的距离分辨率。2008年，美国空军喷气推进实验室的库柏研究员在0.6THz雷达的基础上，成功研制出0.58THz的三坐标成像雷达。它采用逆合成孔径工作模式，能提供不到1cm的距离分辨率。随着工作在太赫兹频段的电真空器件的发展，以及太赫兹源功率的提高，太赫兹雷达有可能应用于反隐身领域。

（二）红外隐身与反隐身技术发展取得新进展

2014年，红外隐身技术开发和应用取得新进展。加拿大超隐形生物公司与美军达成合作备忘录，将在特种部队中应用具有红外隐身能力的"量子材料"。同时，美国中佛罗里达大学开发出一种可见光隐身材料。由于其隐身原理与"量子材料"一样，也可能具有一定的红外隐身能力。在红外反隐身方面，瑞典萨博公司研制的Skyward-G机载红外搜索跟踪系统吸取了原有机载、舰载红外搜索跟踪系统的红外反隐身技术经验，将提高对红外隐身飞机的探测能力。

2月，经加拿大国防研究与发展局（DRDC）批准，加拿大超隐形生物公司将红外隐身材料应用于美军特种部队。2012年,加拿大超隐形生物公司发明了一种商标为"量子隐身"材料的神奇材料。它能使周围光线折射而发生弯曲,从而使其覆盖的物体或人完全隐身,不仅能"骗"过人的肉眼,在军用夜视镜、红外探测器的探测下,也能成功隐身。这一重大技术突破于2012年就得到了美国和加拿大军方的核实和认可。这种材料不仅能帮助特种部队在白天完成突袭行动,而且有望在下一代隐身战机、舰艇和坦克上应用,让其实现真正的隐身。加拿大超隐形生物公司称,他们将此技术公布于众,一是希望引起美军方的高度关注,二是他们已开发出能对抗这种隐身技术的技术,从而不怕第三方也开发出类似的技术。

2014年3月,发表在美国《先进光学材料》杂志第三期的一篇文章透露,美国中佛罗里达大学昌达教授领导的研究团队研制出一种可实现可见光隐身的"超材料"(即自然界不存在的人造材料)。过去,好莱坞的电影中曾提到这种隐身术,现在这一幻想变成了现实。实现这一技术突破的关键是昌达教授为首的研制团队利用纳米转移印刷(Nano-transfer Printing)技术制造出一种多层三维超材料。纳米转移印刷技术可改变这种超材料的周围折射率,使光从其周围绕过而实现隐身。这种超材料的制造过程是:利用纳米转移印刷技术制造出一种金属/电介质复合薄膜。这种薄膜由纳米材料按三维结构堆叠而成。利用结构计算对超材料三维空间的电磁谐振进行控制,便可对光传播进行精准控制。以昌达教授为首的研究团队包括来自美国桑迪国家实验室和伊利诺伊大学的光学专家和纳米技术专家。他们希望通过这一技术的开发和不断改进,研制出具有这种光学性能的大块超材料,并投入实际应用,例如,研制由大块超材料构成的吸收体,并将其应用在战斗机上,使其实现隐身。由于美国中佛罗里达大学研制"超材料"与加拿大超隐形生物公司的"量子材料"采用同一隐身原理,该超材料虽工作在可见光频段,也能使部分红外光弯曲,从而也可能具有一定的红外隐身能力。

2014年3月,据意大利赛雷斯联合系统(Selex-ES)公司先进传感器分部的市场主管称,瑞典萨博公司正在为JAS39E"鹰狮"战斗机研制Skyward-G红外搜索跟踪(IRST)系统、ES-05有源相控阵雷达和新型敌我识别系统等新型传感器。其中,Skyward-G红外搜索跟踪系统是在欧洲战斗机公司"台风"红外搜索跟踪系统和Selex-ES公司陆基和海基红外搜索跟踪系统的基础上研制的。它对红外隐身目标的探测能力与其超视距导弹的射程匹配。Skyward-G红外搜索跟踪系统不仅能通过探测蒙皮温度来探测超声速飞机,还能通过探测发动机对蒙皮的加热以及发动机的喷气来发现飞机。它可分辨目标与背景温度之间的细微差别,对隐身飞机具有较强的探测能力。它还能给ES-05有源相控阵雷达提供精确的目标方位角和高度,使有源相控阵雷达能聚能探测和跟踪隐身目标。ES-05有源相控阵雷达能在±70°瞬时转动波束,能快速探测和跟踪隐身目标。萨博公司研发的上述三种传感器经信息融合可给飞行员提供一幅战斗机周边空域情况的态势图,并通过数据链可在"鹰狮"战斗机之间实现信息共享。由于Skyward-G红外搜索跟踪系统的红外反隐身能力较强,使整个传感器系统都将具备较强的反隐身能力。

六、赛博技术

赛博空间作为继陆、海、空、天之后的"第五维空间",已成为信息时代国家间博弈的新舞台和战略利益拓展的新疆域,当今人类社会政治、经济、军事、文化等各领域的活动高度依赖赛博空间的畅通与安全。近年来,"震网""棱镜门""面具"等系列事件,凸显了赛博安全的紧迫性和现实性,为在日益复杂的赛博安全对抗中占据优势和主动,美国、日本等发达国家已将赛博技术确立为国防技术发展的重中之重。

由于赛博空间是一个全新域,其技术的飞速发展离不开战略政策的制定与完善、管理体系的优化与调整等。为了推动赛博技术的发展,美国已从战略、管理、投资、项目等多个层面采取措施,一是制定了政府、军队层面的技术发展战略,统筹规划技术发展重点;二是建立了"重点指导委员会",由负责研究与工程的助理国防部长领导,由NSA、DARPA、DISA及各军种研究实验室等组成,旨在指导技术发展;三是在赛博安全技术项目领域开展多机构联合投资,国土安全部、NSA、国家标准技术研究院、国家科学基金会、国防部长办公厅、DARPA、空军实验室、海军实验室、陆军通信与电子研究开发和工程中心等都是主要投资者,旨在加速推进重点、难点技术攻关;四是启动多项革命性赛博技术研发项目,引领技术发展。在多重因素保障下,整个赛博空间的技术正处于全面快速发展时期。

2014年度,美国、日本等国在赛博技术领域十分活跃,围绕攻击、防御和测评等领域,重点从技术的主动性、可靠性、自动化等方面加强研究,持续推进监控技术、赛博武器系统、主动防御、赛博靶场等具体技术领域的创新与快速发展。

(一)攻击技术注重打造对全球赛博空间的全面监控与攻击能力

赛博作战超越了传统的作战界限,将陆、海、空、天紧密联系在一起,是基于信息系统的跨域体系作战。虽然赛博空间是全新作战域,但在低成本装备技术研发和巨大作战效果的双重刺激下,其攻击技术发展速度远超其他领域。根据斯诺登2014年曝光的资料,NSA正在积极推进针对全球赛博空间的全面监控与攻击技术发展,并早已启动49项监控技术项目,与英国情报机构合作开展"藏宝图"项目研发,还暗中研发新型赛博战工具——"怪兽大脑",此外,旨在窃取全球手机用户信息的"极光黄金"项目也被曝光。2014年,先进持续性攻击依然活跃,赛博空间出现的"面具"攻击活动,使用了包括病毒在内的多种复杂攻击技术,已对世界多国的重要目标发动了赛博攻击。

1. 美国国家安全局针对全球赛博空间的49项监控技术

斯诺登曝光的资料显示,NSA已启动49个项目推进监控技术成体系发展,重点研发防火墙、计算机设备、智能手机和其他外围设备的监控技术。

其中,针对防火墙设备的技术监控项目主要有"给料槽""美食槽""源头"等,前两个用于渗透 Juniper 防火墙,第三个用于渗透华为防火墙;针对计算机设备的技术监控项目主要有"神跳""忍者""愤怒僧侣"等,"神跳"用于对计算机进行 BIOS 攻击,"忍者"可利用计算机 PCI 总线设备进行攻击,"愤怒僧侣"则通过替换计算机硬盘主引导记录(MBR)来获得执行权限;针对智能手机设备的技术监控项目主要有"退学吉普""猴子日历"等,"退学吉普"可对苹果手机进行监控,"猴子日历"可对使用 GSM 网络的手机进行 SIM 卡植入;针对其他外围设备的技术监控项目主要有"水腹蛇""火行""吼猴"等,"水腹蛇"通过 USB 接口来收发指令并安装木马,"火行"通过 RJ45 接口来注入、监测或传输数据,"吼猴"则利用中短程植入射频收发器来从系统中提取数据或对系统进行远程控制。

目前美国已具备全球领先的赛博空间监控能力,可对各种主流硬件设备实施全面监控,其中就包括对我国华为公司研发的防火墙进行渗透和监控。

2. "面具"是迄今为止最高级的全球网络间谍行动

2014 年 2 月,卡巴斯基实验室发现一个名为"面具"的先进持续性攻击行动,"面具"行动至少始于 2007 年,期间一直未被发现。该攻击行动的主要目标是政府机构、外交机构和大使馆,能源、石油和天然气公司,研究机构及相关活跃人士,有 31 个国家的 380 个目标受到攻击。"面具"行动中,攻击者使用的攻击技术非常复杂,其中包括一种极为复杂的病毒。

此前已经发现的"毒区"等恶意病毒,其重点攻击目标是工业控制领域的元器件制造商,盗取目标设备中的所有以数字格式保存的信息。此次先进持续性攻击行动中使用的恶意软件,其攻击复杂程度远超"毒区",是迄今为止最高级、最复杂的恶意间谍威胁。经卡巴斯基实验室分析,"面具"行动中的病毒具有以下特点:一是病毒编写者的母语是西班牙语;二是截至 2014 年 1 月,病毒的攻击活动已经持续了 5 年,在卡巴斯基实验室进行调查的过程中,该病毒的命令与控制服务器关闭;三是截至 2014 年 1 月,已有 31 个国家的 380 个目标受到该病毒攻击;四是该病毒具有 rootkit 和 bootkit 功能,对其进行检测非常困难;五是具有 Mac OS、Linux、安卓、IOS 等不同系统下的版本,攻击范围广泛;六是该病毒主要通过钓鱼攻击邮件来感染目标,一旦用户感染该病毒,病毒会拦截所有的通信渠道,从受感染计算机上收集重要信息;七是该病毒是一种高度模块化的系统,支持插件和配置文件,可执行大量功能,除此之外,病毒操控者还可通过上传其他模块让病毒执行任何恶意任务;八是除了可收集敏感文档外,还能收集加密密钥、VPN 配置、SSH 密钥、rdp 格式文件等。

卡巴斯基实验室的研究人员认为,"面具"行动的攻击专业程度非常高,极有可能是一次由政府和国家资助的攻击行动;同时,西班牙语国家首次卷入该间谍行动,这表明越来越多的国家已经开始并逐渐具备从事互联网间谍活动的能力。

3."藏宝图"项目可对接入全球互联网的终端绘制"地图"

NSA 和英国情报机构政府通信总部(GCHQ)正在寻求"绘制全球互联网地图",即通过一个名为"藏宝图"的项目,几乎可以实时从德国运营商的网络上获得信息,可以直接进入终端用户的电脑、智能手机或平板电脑。

"藏宝图"项目是数字世界的一个巨大威胁,它的目标是绘制整个互联网,而不只是网络中的电信电缆。该项目旨在定位路由器等相关设备,以及每一个连接到互联网的终端设备,如智能手机、平板电脑和计算机。通过开展"藏宝图"项目,整个互联网中的网络链路、网络节点和网络终端都将可见。这样的"藏宝图"不单单能找到一处"宝藏",而是数以百万计处"宝藏"。"藏宝图"项目一旦应用,分析师们将能够在任意地点和任意时间监控全球互联网中的任意设备。

4. 新型赛博战工具"怪兽大脑"具有自动反击能力

2014年8月13日,美国情报机构前雇员斯诺登接受美国《连线》杂志采访时称,NSA正在秘密研发一项名为"怪兽大脑"(MonsterMind)的赛博安全工具,不仅能识别、追踪和阻止潜在的赛博攻击来源,还能在无人监督的情况下自动采取反制措施。

斯诺登称,虽然很多赛博战计划都具备自动侦查和阻止黑客进攻的能力,但是"怪兽大脑"对公民隐私权构成更大威胁,因为它能获取几乎所有美国人与国外的私人通信数据。

(二)防御技术强化了对恶意人员的检测与防御能力

军事强国十分重视转变赛博防御思路,2010年以来,美国的赛博防御思路由"信息全方面保证"逐渐转变为"以任务为最高优先级的信息保证",美国等国积极研究全新防御技术,强化赛博应变能力,确保任务在遭受赛博攻击时仍能继续开展。2014年,美国政府、军方和企业不断创新,空军向工业界寻求能力支持,以研发能够提升自身防御能力的6种赛博武器;美国DARPA信息创新办公室(I2O)于5月在五角大楼举办了"2014演示日",演示了100余个在研项目,其中有10多项在研的赛博空间前沿防御技术项目,这些项目的研究重点是主动防御技术、赛博基因组技术、全同态加密技术等防御性、安全性技术,目前"主动认证""洞悉"等项目均进入了研发第二阶段;此外,日本企业在赛博防御技术研发领域也十分活跃,日立制作所2014年研发的"恶意软件自动分析系统"具备了自动分析恶意软件的能力。

1. 6种赛博武器将为美国空军提供全天候的网络运行、管理、评估和保护能力

2014年,以美国为首的军事强国,在研或计划启动多项赛博空间防御项目。为提升自身的赛博防御能力,美国空军于2014年3月面向工业界,为空军赛博空间防御系统、赛博空间防御分析系统、赛博安全漏洞评估系统、赛博指挥控制任务系统、空军内部网络控制系统、空军赛

博安全和控制系统这6种赛博武器系统的设计寻求相关支持能力。

赛博空间已是美国空军的一个作战域,为了推动赛博空间的常态化,2013年4月,美国空军已为其赛博能力中的6种能力批复了相应的6种武器系统,同年7月,美国空军公布了这6种能力及相应武器系统的具体内容:

空军赛博空间防御系统旨在阻止、监控、侦察和防御空军全球信息栅格遇到的所有内部和外部威胁,为空军计算机应急响应小组提供持续监控和保护空军涉密和非涉密网络的能力;赛博空间防御分析系统旨在监测、收集、分析和报告从友好非密系统(如计算机网络、电话、电子邮件、美国空军网站等)中发布的敏感信息,提供作战安全和赛博防御分析能力,该系统有两个版本,都可监测、收集、分析和报告经非安全通信系统传输的信息,以确定是否含有敏感或机密信息,第二个版本还具有基于网络入侵的信息损失评估、空军非密网站评估等额外功能;赛博安全漏洞评估系统旨在开展空军和国防部网络与系统的漏洞评估、合规性评估、国防与非技术评估、最佳实践评论、渗透测试等,可通过远程或现场访问的方式完成任务,能够为指挥官提供全面评估现有关键任务网络风险和漏洞的能力,更好地抵御高级持续性威胁;赛博指挥控制任务系统旨在为空军作战力量、网络和任务系统提供作战层面的指控、态势感知能力,支持作战指挥人员的任务和需求,实现自由访问与任务保证,确保联合作战人员使用网络与信息处理系统开展全球行动;空军内部网络控制系统旨在管理和保护空军网关和服务交付点,控制所有外部流量和经过标准集中式管理的内部网关的流量,该系统由16个网关套件、2个集成管理套件组成;空军赛博安全和控制系统旨在提供全天候的网络运行与管理能力,还能够支持空军网络中的防御行动,该系统可监测、评估和响应实时的网络事件,识别和表征异常活动,采取适当应对措施,同时还能支持实时网络流量过滤。

空军在招标书中要求,这些赛博武器系统的作战可用性将达到99.9%,这意味着系统每年的停机时间不能超过8.46h。同时,一旦这些赛博武器系统装备部队并投入实战,美国空军在赛博空间作战领域的防御水平将得到大幅提升。

2. "赛博弹性能力建设"项目将提升美国空军网络在遭受攻击时的恢复能力

2014年,美国空军投资4900万美元,启动基于动态防御的"赛博弹性能力建设"项目。

此项目主要是寻求支持空军计算机防范赛博攻击,提高恢复能力的可信硬件、软件及数据,项目将持续至2019年,涵盖技术包括赛博攻击溯源和地理定位、安全协议、云安全、移动设备安全、安全计算机、虚拟化安全、技术评估、建模仿真、网络度量和测量、数据挖掘、下一代BIOS安全和网络可视化。

项目强调的核心能力包括5大重点领域:

一是可靠的安全设计:持续至2017年9月,验证各种软、硬件是否符合那些用来证明安全设计没有问题的精准规范,促进开发能够降低新型赛博威胁的技术,为防范赛博威胁寻找更为主动的途径。可靠的安全设计寻求采用一种更加积极的方法,即预防和避免攻击,而不是事后探测。

二是生存性和可恢复性:从2014年10月持续至2017年9月,以开发自保护软件、依托机器实施维修、建立赛博防御衡量标准以及实现基础设施虚拟化为重点,确保发生赛博攻击时,关键功能不受影响。

三是赛博欺骗:从2014年10月持续至2016年9月,发展投放假信息、误导攻击者、延误或以其他方式阻碍赛博攻击的能力。

四是赛博灵活性:从2014年10月持续至2017年10月,通过扰乱攻击计划和攻击行动来加大赛博攻击者的攻击难度。目前,黑客可通过网络的静态特征,长时间精心策划赛博攻击,然后择机发动赛博攻击。美国空军希望采用新工具,促使黑客在应对高复杂性和不确定性方面投入更多成本,并承受更大的暴露和探测风险。

五是嵌入系统的弹性与灵活性:从2014年10月持续到2017年9

月,为嵌入式计算提供先发制人的主动防御手段,借助响应技术,通过恢复和自适应来保护嵌入系统和数据。

3. "主动认证"技术将能够实时、主动检测军用台式机和笔记本计算机用户身份合法性

2014年,DARPA在研的"主动认证"项目进入第二研发阶段,目前正在开发实时、主动检测军用台式机和笔记本计算机用户身份合法性的"主动认证"技术。

当前,美国国防部的用户身份验证方法主要依靠冗长复杂的密码来实现,而且只能在用户登录系统时进行一次性身份验证,一旦用户登录成功,系统无法持续验证正在使用该系统的用户是否为合法用户,如果用户登录密码被破解或者最初通过身份验证的用户未能采取适当措施,非授权用户很可能非法访问内部信息系统资源。DARPA于2012年年初启动"主动认证项目",旨在开发一种"主动认证"技术,以加强国防部内部赛博空间访问控制能力。"主动认证"技术是一种基于软件的生物特征识别技术,通过捕捉用户浏览计算机页面的视觉跟踪习惯、单个页面的浏览速度、电子邮件及其他通信的方法和结构、键盘敲击方式、用户信息搜索和筛选方式以及用户阅读素材的方式等因素,为每个用户创建唯一的生物特征认知轨迹库,在某位用户与计算机交流的整个过程中,可实时采集该用户的生物特征并与其生物特征认知轨迹库进行比对,以验证用户身份的合法性。

"主动认证项目"的第二阶段,将开发一种针对军方用户的应用系统,该系统集合了多种生物特征识别技术,可以安装在每台军用台式计算机、便携式计算机和移动设备(智能手机、平板电脑)上,实现对用户的"主动认证"功能。未来,"主动认证项目"将开发更多的生物特征识别系统,以及移动环境下的生物特征识别平台,同时还将向其合作伙伴推广应用系统。

4. "洞悉"项目开始研发可提高海量数据整合分析能力的多传感器数据统一管理与处理技术

2014年,DARPA在研的"洞悉"项目进入第二研发阶段,目前正在开发能够提高海量数据整合分析能力的多传感器数据统一管理与处理技术，具体研发工作由 BAE 系统公司负责。

"洞悉"项目旨在开发一个能够将来自众多传感器的多源数据自动融合的系统，并利用相关算法侦察和预测具有潜在威胁的行为。该项目的合同商主要包括洛·马公司先进技术实验室、SAIC 公司、查尔斯河分析公司、Intific 公司、Aptima 公司、HF 设计公司、PatchPlus 咨询公司。在该项目的第一阶段中，BAE 公司负责研发一个"自动/半自动系统"，该系统用于开发和资源管理，以及在一个更广泛的操作环境中进行系统测试的传感器模型。该项目第一阶段旨在支持旅级和营级部队开展的非常规作战。在"洞悉"项目的第二阶段，BAE 系统公司将继续推进核心技术研发，如多传感器数据统一管理与处理技术、推理算法等，同时进一步提高项目第一阶段研发的"自适应综合人机信息挖掘和资源管理系统"的适用性，预计第二阶段研发工作于 2016 年年初完成。

如果"洞悉"项目第二阶段顺利完成，那么新研发的技术能够使分析人员把互不相干的"烟囱式"信息源整合成一个统一的战场图片，通过直观的战场图片为指挥人员提供更强大的分析决策能力。

5. "恶意软件自动分析系统"可实现恶意软件分析自动化

2014 年 6 月，日本日立制作所开发出"恶意软件自动分析系统"，该系统采用"动态解析环境构建""恶意软件特征信息提取"等先进技术，不仅能在不同的操作系统和软件版本环境下自动检测恶意软件活动，还能自动追踪并锁定受恶意软件影响的网络环境，该系统使恶意软件分析工作实现了自动化，并使分析时间缩短 75%。

日本十分重视赛博安全产业国际竞争力的培养，并采取了重点扶持国防顶级公司的策略。日立制作所研发的"恶意软件自动分析系统"，已在总务省"赛博攻击解析·防御模式实践演习的实证检验"项目中被应用。目前，以日立制作所为代表的一批日本企业已具备为政府和企业提供全天候远程监测服务的能力。

（三）测评技术有效提升了对攻击环境和系统安全的模拟与测评能力

赛博测评技术是指以虚拟化测试平台为基础，对赛博空间各类信息基础设施和武器装备中的软件、网络和系统等要素，以及赛博空间行动开展定性定量测试的技术。其中，对软件、网络和系统的测评工作主要从安全性、可恢复性、灵活性和保障任务有效性等方面开展；对赛博空间行动的测评主要从作战人员水平、攻防对抗能力、任务目标实现能力等方面开展。2014年，美国、日本等国在赛博测评领域发展迅速，美国的国家赛博靶场已进入实用化阶段，同时日本的多个企业级靶场也投入运营。

1. 美国国家赛博靶场进入实用化阶段

2014年5月，美国陆军与洛·马公司签署1400万美元的合同，洛·马公司将支持其利用国家赛博靶场进行装备技术实验测试，主要负责国家赛博靶场的具体运营和维护工作，表明国家赛博靶场已经全面进入第三阶段，开始了试运营。美国国家赛博靶场内部部分设施如图7所示。

图7 美国国家赛博靶场内部部分设施

截至目前,以国家赛博靶场为代表的美国国家赛博测评设施建设已基本完成,具备了国家级、军种级、企业和高校级等不同层面的测试手段,例如:国家赛博靶场侧重测试防御和攻击性装备和颠覆性技术;"国防科技实验研究测试平台""抵御赛博威胁的国防基础设施防御库"和"威斯康星先进互联网实验室"均是以研发和测试防御性技术、确保赛博空间安全性为主;"国防部信息保障靶场"则主要是为各军种提供更加逼真的作战测试环境。这些不同类型的基础设施,共同构建起美国的赛博空间体系化测试评估环境,成为赛博理论、技术和装备发展的重要支撑。

在国家赛博靶场的具体发展过程中,美国在顶层设计、靶场构建、试验语言、试验工具和对抗性试验方法等领域实现了全面的技术创新,突破了大规模赛博仿真环境构建技术、试验自动化管理技术等20余项关键技术,并建成2个原型靶场,整个靶场功能可由软件驱动硬件完成,软件代码量达5亿行。国家赛博靶场代表了美国网络空间测评技术的最高水平,在靶场建设过程中,针对复杂网络和信息系统大规模复现能力,重点突破大规模网络仿真环境构建技术,解决了靶场试验环境在结构、规模和节点等方面的难点;针对赛博空间测评资源自动化配置和安全试验能力,重点突破了自动化试验规划与设计、新节点配置参数自动化生成、自动化靶场配置/验证、试验控制与管理、时间同步、试验结果分析和可视化及自动化数据擦除、接口控制等技术;针对赛博空间攻防对抗试验能力,重点研究对抗试验框架和方法,开发了虚拟机、高保真流量生成工具、恶意软件库、赛博攻防工具库等。

在原型靶场试验能力的验证中,已完成3000个国防部节点模拟,开展下一代网络协议、信息保障工具、恶意软件等多项测评。美国已初步形成分布式、互用性强、可信度高和自动化程度高的测评能力,目前以国家赛博靶场为代表的大规模赛博空间测试评估环境已进入实用化阶段。

2. 日本已建立多个企业级赛博靶场

日本企业正在积极发展赛博靶场技术。2014年,日本NEC公司建立了赛博靶场,该靶场能够开展信息技术和赛博安全系统培训与测评工作,可使政府和企业模拟针对信息系统的赛博攻击,以发展有效对策来保护赛博安全,减少财产和声誉损失。

此外,日本 SECOM 信托系统公司也于 2014 年建立了赛博靶场,该靶场将向企业提供赛博演习服务,靶场中可模拟真实赛博攻击和病毒感染,增强企业赛博防御人员的专业知识和技术水平,提升企业的赛博防御能力。

七、微纳电子技术

2014 年,微纳电子器件特征尺寸继续减小,美国和日本已先后展示了采用 14nm 工艺实现的微处理器和现场可编程门阵列产品,以及 15nm 工艺实现的闪存。随着特征尺寸的进一步微缩,寻找可替代硅的新材料和新技术途径变得日益迫切。为继续提高微纳电子器件的集成度,韩国开始量产首个基于三维硅通孔工艺的半导体存储器件,美国推出首个可工作于 94GHz 的全硅单片集成发射器系统级芯片,实现硅射频器件和硅数字信号处理器件的全集成。第二代化合物继续保持平稳发展态势,继续在无线通信等传统领域发挥重要作用。美、欧继续挖掘碳化硅在大功率电力电子方面的应用潜力,器件的工作温度和工作电压不断升高,并将在未来数年内保持高速发展态势。得益于美、欧数年来对氮化镓器件的持续投资,美、欧氮化镓器件制造能力在 2014 年都取得重大进展,美国氮化镓器件制造成熟度达到 9 级,欧洲建立了独立的氮化镓供应链。美、欧多家氮化镓器件制造商也推出了多款氮化镓器件产品,满足各个波段雷达、通信等应用需求。此外,美军为解决大数据时代海量信息处理需求、技术外泄和伪冒电子元器件泛滥等问题,提出类脑认知计算芯片、发展太赫兹器件技术、瞬态电子器件和电子元器件可信认证技术等发展新思路,并启动了相关项目。

（一）开发前沿技术成为保持技术优势的一种有效手段

随着硅材料物理极限的不断临近,硅材料之后的发展方向成为迫切需要解决的问题。目前,可以确定的一个方向是以Ⅲ-Ⅴ族材料替代硅作为沟道材料,以提升沟道电子的迁移率,推动特征尺寸向10nm及以下尺寸发展。其次,是大力发展石墨烯等二维电子材料,以取代硅成为下一代半导体材料,并为向量子器件的过渡做准备。

1. 美国继续加强后硅半导体技术的研究

2014年6月,美国加利福尼亚大学圣巴巴拉分校(UCSB)通过改进Ⅲ-Ⅴ族金属氧化物半导体(MOS)场效应晶体管(FET)结构,研制出栅长为25nm、开/关电流分别为0.5mA和100nA、工作电压仅为0.5V的Ⅲ-Ⅴ族MOSFET,在显著缩小晶体管尺寸的基础上进一步提升性能和降低功耗。UCSB为实现该目标所进行的3项重大结构改进包括：(1)使用厚度仅为2.5nm(17个原子厚)的砷化铟(InAs)材料做沟道；(2)将氧化铝和氧化锆堆叠,形成具有超高电容密度的栅极绝缘层；(3)使用垂直间隔层结构对晶体管内不同区域进行隔离,以避免带间隧穿和减少漏电流。此次研究成果将有效延续摩尔定律,并以更低的功耗带来更强的计算能力,满足下一代高性能服务器使用需求。该研究由美国半导体研究联盟提供资金支持。

2014年7月,美国IBM公司宣布将在未来5年投入30亿美元开展两项有关"后硅时代半导体技术发展"的研究项目,以实现器件结构、生产工艺、材料和计算平台等技术的全面创新,满足未来云计算和大数据系统的发展需求。第一个项目将研究"7nm及之后"的硅技术,解决特征尺寸继续缩小中出现的技术挑战。第二个项目将研究可替代硅的新器件技术,包括Ⅲ-Ⅴ族材料、硅光技术、碳纳米管技术、低功耗晶体管技术、石墨烯技术、量子计算和神经突触计算等新型芯片材料和电路架构。IBM公司希望通过这两个项目将系统级性能提高多个数量级,同时提供更具能效的计算方法。

2. 二维电子材料成为美欧继石墨烯之后的研究新热点

2014年8月，美国国家科学基金会(NSF)与美国加利福尼亚大学签署价值170万美元的"二维原子层研究和工程"(2-DARE)项目研发合同,用于分析与合成二维新型超薄膜材料,以改进电子器件、光电器件和能量转换系统的性能。在二维电子材料中,石墨烯已得到很好的研究,二硫化钼的单分子膜、六方氮化硼、二硒化钨、氟代石墨烯、云母和硅烯等材料在用于电子器件方面也蕴藏着巨大潜能。NSF希望通过该项目对这些材料和异质结构中的电学、光学和热现象进行研究,并研制出新的材料合成技术,使这些超薄膜材料能够实际应用到电子开关、光电探测器、低功耗信息处理和直接能量转换等领域。

2014年8月,美国能源部劳伦斯伯克利国家实验室报告了在光子激励的MX材料中首次实验观察到超快电荷转移。M一般是过渡族金属元素,X一般是硫族元素。定量的瞬态吸收测量结果表明,MX材料异质结结构的电荷转移时间在50fs以下,与有机光电材料的最快时间记录相当。MX具有卓越的电学和光学性能,且其大面积合成技术快速发展,有望在未来获得光子和光电应用。MX由单层的过渡金属原子,如钼(Mo)或钨(W)夹在两层硫族元素原子如硫(S)之间。由此产生的异质结构必然具有相对较弱的分子间吸引力(范德华力)。这些二维半导体具有与石墨烯相同的六角"蜂窝"结构和超高速电导率,不同于石墨烯的是,它们具有天然的能带,有助于其在晶体管和其他电子设备中的应用。

2014年9月,英国曼彻斯特大学联合兰开斯特和诺丁汉大学,以及俄罗斯、韩国和日本的科学家共同研究发现,通过将一层六方氮化硼和两层石墨烯堆叠为"三明治结构",可产生用于下一代晶体管的完美晶体结果,在电子或光电传感器等超高频率器件应用中存在巨大潜力。研究人员首次展示了该异质结构中的电子行为可通过精确控制堆叠中结晶层的方向来发生重大改变。而且,该结构的电子能量和动能守恒,并表现出隧道和负微分电导特性,展现出这些系统在电子器件应用方面的前景。

3. 美国类脑计算芯片研究不断取得进展

2014年8月,美国IBM公司在DARPA"神经形态自适应可塑电子系统"(SyNAPSE)项目的支持下,采用28nm硅工艺研制出第二代类脑计算芯片,将神经元和突触数量分别由2011年第一代类脑芯片的256个和数万个提升至100万个和2.56亿个,获得类脑计算芯片领域的又一重大突破,标志着DARPA在超高性能、低功耗和类神经系统的研制上又迈进了巨大一步。如图8所示,该芯片包含64×64个核心,每个核心包含256个神经元和65536个突触,每秒可执行460亿次突触运算;每平方厘米功耗仅为20mW,是传统微处理器的1/5000,总功耗仅为70mW,是第一代类脑芯片功耗的1/100,可由与助听器电池相当的电源供电;晶体管总数达到54亿个,但尺寸仅为一张邮票大小,是第一代类脑芯片体积的1/15。此外,IBM公司还开发出与类脑计算芯片配套的新型超低功耗、模块化、可大规模并行运算和可高度扩展的"真北"架构,以及以神经核为基本组成模块的新型编程语言Corelet。2012年11月,IBM公司利用"真北"架构在全球第二大超级计算机模拟出5.3×10^{12}个神经元和1.37×10^{14}个突触,用时仅是人大脑的1542倍,在模拟的数量和速度上均迈进一大步,取得SyNAPSE项目的一个重要里程碑。IBM公司还采用Corelet开发出150个针对特定应用的程序包,可实现大脑的多个常规功能,如人造鼻子、耳朵和眼睛的感知应用等。每个程序包还可与其他程序包结合实现更大、更复杂和更多功能。IBM公司表示,通过此次技术进展,希望类脑芯片能够使计算机在2020年像人类大脑一样强大。类脑芯片将应用于理解传感数据、分析和综合依赖语境的实时信息、处理复杂和真实世界中的模糊性等多种不同场合,对冯诺依曼计算体系形成补充,并为科学、技术、商业以及社会带来巨大变革。

此外,美国AFRL还于2014年1月与通用电气(GE)公司签署了"高性能嵌入式计算"(HPEC)项目研发合同,开发可模拟人类中枢神经系统的嵌入式先进神经形态体系结构和算法,以满足自适应学习、大规模动态数据分析和推理等应用需求。GE 公司的 HPEC 系统将包括 5 个由通用公司开发的以 4 核英特尔酷睿 i7 处理器为基础的 SBC625 单板计算机,数据处理速度达到 $2×10^9$ flops,并具备可扩展能力。AFRL 表示,通用公司的研究成果将为空军在先进 ISR 平台和系统中应用大规模神经形态计算模型铺平道路,并推动 Gotcha 广域合成孔径雷达等下一代雷达技术的发展。

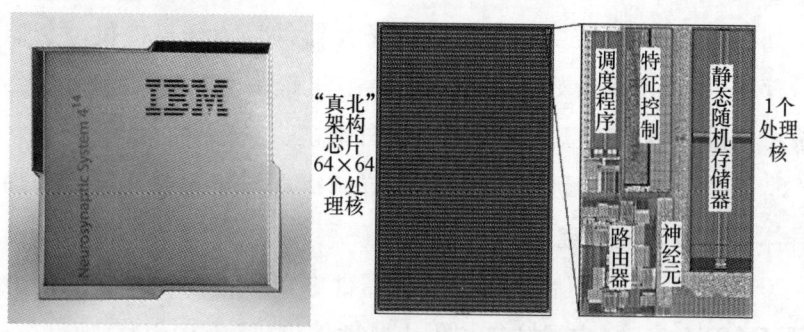

图 8 第二代类脑芯片及结构示意图

4. 美国国防先期研究计划局启动瞬态电子元器件的研究

2013 年 12 月至 2014 年 4 月间,美国 DARPA 先后与霍尼韦尔公司、斯坦福国际研究所、BAE 公司、IBM 和施乐公司帕洛阿尔托研究中心(PARC)签署了总价达 1932 万美元的"可设置消失的资源"(VAPR)项目合同,大力推进可在指令控制下自行分解电子元器件的研究,并将该类器件称为瞬态电子元器件。VAPR 项目将研究与瞬态电子元器件相关的全新概念和能力,包括器件材料、器件设计、集成方式、封装形式和制造工艺等。DARPA 希望研制出的瞬态电子元器件具有与商用器件相同的性能,但只有有限物理寿命,并可在不需要时启动控制指令全部或部分分解到周围环境中,而触发信号则可以是任何可能的环境条件,如温度、湿度、光照等。

目前已签署合同的 5 家公司将从不同方向展开研究。例如,斯坦福国际研究所将研究自毁式硅/空气电池;PARC 将研究"压力工程"衬底材料和配套制造工艺,使芯片可通过衬底释放出的压力分解为人眼不可见的微小碎片;IBM公司将研究可使芯片在触发后分解为硅和二氧化硅粉末的应变玻璃衬底技术,以及采用熔丝或活跃金属层作为射频触发机关的技术。

据DARPA预测,随着瞬态电子元器件技术的成熟和广泛应用,将为传感器、大范围环境监控、简易式战场诊断、治疗和健康监护等领域带来重大变革,还可有效避免环境污染、技术外泄和知识产权受损等问题。如在战场上,能被身体吸附的电子元器件将为士兵提供健康监护和医疗服务,而环境友好的电子元器件在分解后既不会造成环境污染,又可避免因敌方的拾获而导致的技术外泄。

5. 美国国防先期研究计划局、导弹防御局和半导体研究联盟加强半导体可信技术的研究

2014年2月,为阻止伪冒电子元器件在美国国防供应链中的急剧蔓延,DARPA启动"电子防御用供应链硬件集成"(SHIELD)项目,寻求在不损坏电子元器件的情况下,对受保护电子元器件可信度进行认证的技术。该项目计划开发出尺寸仅为$100\mu m \times 100\mu m$,成本小于1美分,包含加密设备和传感器在内的防伪小芯片(dielet)。该防伪小芯片易于粘贴或嵌入至目前的电子元器件中,并可通过手持式探头进行随时随地的真伪检测。在检测中,检测设备如智能手机可将防伪小芯片上的序列号上传至中央服务器,服务器则会将一个未加密的提问发送至防伪小芯片,防伪小芯片从无源传感器发回加密回答和数据,从而验证该芯片是否遭到篡改。DARPA要求该项目研究成果可对常见的伪冒情况提供100%的保障,如授权元器件未经许可的过量生产、非授权的逆向仿制产品、旧件翻新产品、不合格件再流通产品、虚假标识以更改产品等级和可靠性的产品等。

2014年7月,美国导弹防御局(MDA)与美国应用DNA科学(AP-DN)公司签署一份价值97.5万美元的合同,以提升"签名DNA"防伪标示技术的使用效率和开发配套的可用于快速防伪验证的光学读写器。APDN公司的"签名DNA"技术通过使用植物DNA的独特基因序列来标示器件,实现防伪。该DNA序列可嵌入到金属涂层、层压板、油墨、油漆和纹理中,并在涂抹后无法修改和清洗;还可根据客户要求定制特殊图案,以及对不同生产时间和生产地点的器件进行标示。美国国防部自2012年8月已要求所有向国防后勤局提供微电子产品的供应商必须使用该DNA标示技术。此次新签署的合同将使用该技术的公司数量从30家增加到100家。

2013年12月,美国半导体研究联盟宣布设立"可信安全半导体与系统"(T3S)计划,研究新的电子元器件架构、设计和制造方法,以应对篡改、伪冒和非预期功能植入等问题。该计划将重点发展确保电子系统按需运行的策略、技术和工具,并集成到设计、制造和销售的所有电子元器件供应链环节中,为美国建立可信与安全的半导体技术基础。

(二)微处理器继续向小型化、高性能方向发展

美、欧在继续向着小型、多核、高性能方向发展微处理器的同时,还针对宇航、无人机、导弹制导等特殊应用制定了具体的研究方案。

1. 美国英特尔公司展示14nm微处理器

2014年9月,美国英特尔公司展示了首次采用14nm工艺制造的酷睿M处理器,其微架构也是英特尔公司首个基于14nm工艺的最新Broadwell架构。该处理器采用第二代三栅晶体管结构,具备高性能和低功耗特性,可应用于无风扇产品,使设备变得更加轻薄、凉爽和安静。全新的Broadwell架构功耗低至4.5W,在执行有效工作负载的情况下,可将电池的使用时间延长20%;封装体积减小50%,热设计功耗降低60%;与第四代Haswell芯片相比,如果以每瓦为基准,其提供的处理器性能提升50%,图形性能提升40%;与2010年的18W酷睿i5芯片相比,速度提升2倍,图形处理性能提升7倍。英特尔公司表示,该处理器将于2014年10月开始量产,并于2015年年初供货。

2. 欧洲 FlexTiles 项目为无人机研制出异构多核处理器平台

2014年8月,为满足监视无人机或无人驾驶汽车用异构多核处理器平台需求,欧盟于2011年投资启动了为期三年由泰勒斯公司领导、企业界和大学共同参与的 FlexTiles 项目。该项目定义了一个带有自适应能力的可编程异构多核处理器平台,其核心是一个三维堆叠芯片,该芯片包含一个多核层和一个可配置层。在该平台的顶部是一个虚拟层,该层可向编程者隐藏多核平台的异质结构和复杂性,并在工作时对应用映射进行精细调整;还可通过将应用任务动态重定位至多核层的软件或可配置层的硬件来提供自适应能力。自适应能力可用于优化负载平衡、功耗、热点和对缺陷模块的耐受力等。

3. 美、欧启动太空用处理器研究项目

2014年4月,美国国家航空航天局(NASA)戈达德太空飞行中心与美国 SEAKR 工程公司签署了价值650万美元的抗辐照宇航级数字处理器研发合同。SEAKR 工程公司是该合同的唯一承研方,将在未来两年内研制出符合要求的宇航级数字处理器。该处理器将用于激光通信中继,以支持地球和地球同步轨道卫星间的长时间光通信,并最终实现 NASA 所计划的光通信系统和中继网络。NASA 戈达德飞行中心负责维护两个宇航飞行跟踪和数据采集网络、先进空间和地球科学数据信息系统,以及国家海洋和大气管理局的卫星系统。该中心还负责执行哈勃太空望远镜、探索项目、国际γ射线天文物理实验室项目、地球观测系统、太阳和日光层观测系统、罗西 X 射线时变探测器和"雨燕"卫星等任务。

2014年2月,欧盟启动为期三年的以太空用高性能处理器为目标的 MACSPACE 项目。该项目要求所开发的处理器具备高性能、低功耗、高可靠性、小尺寸、轻质量和长寿命等优点,可工作在 −55~125℃温度范围,具备一定抗辐射能力,同时还能处理飞行任务中大量数据,以满足未来太空应用中大量数据处理需求。该项目由欧盟第七框架计划下的太空计划提供资金支持,承研方包括以色列雷蒙芯片公司、美国

普雷斯托工程公司、意大利泰勒斯·阿莱尼亚宇航公司和布伦瑞克工业大学等。其中负责合作联盟协调工作的以色列雷蒙芯片公司表示，能够实时分析飞行过程中的数据并作出决策，将获得更好的态势感知能力，增强太空任务的能力，因此欧洲需要能够处理现代飞行任务所中产生的大量数据的高性能计算系统。

4. 英国 E2V 公司推出最高性能宇航级微处理器

2014 年 8 月，英国 E2V 公司推出处于业内最高性能水平的抗辐射宇航级微处理器 PC7448。该微处理器以功率架构 e600 核心为基础，最高工作频率为 1267MHz；内嵌 AltiVec SIMD 引擎，可在全速工作时提供最高 10Gflops 的性能；经过 QML Y 标准认证，适用于宇航载荷应用，如在轨地球观测和气象监测卫星中的图像处理、合成孔径雷达（SAR）和通信卫星中的数据处理等；具备动态频率切换（DFS）模式，可在较低工作频率（300MHz 以下）时显著降低功耗，因此可满足命令和控制等应用，如需要中等数据处理能力的运载火箭增压控制器等。目前，PC7448 工程版和质量认证版已经上市，飞行版将于 2015 年上半年上市。QML Y 是美国 NASA 最新制定的太空专业制造认证标准，并已在最新版本的美军标 MIL－PRF－38535 中正式发布，以强调和保障宇航系统用产品的可靠性。

5. 雷神公司推出新型多功能处理器，提升"战斧"Block IV 型导弹制导能力

2014 年 4 月，雷神公司研制出新型多功能处理器，可使"战斧"Block IV 型巡航导弹对可发出射频信号的移动目标进行制导和跟踪。在测试中，雷神公司在改良型"战斧"Block IV 型导弹头锥上装配了带有该处理器的被动式天线后，将其安装到 T－39 飞机上，然后让飞机以亚声速在不同高度进行飞行以模拟"战斧"的飞行状态。测试结果表示，该被动式导引头处理器可在高密度电磁环境中接收到多个战术目标发出的电子信号。该处理器经评定已达到技术成熟度第 6 级水平，可转到工程、制造和开发阶段。雷神公司还计划在 2015 年年初将一个新的处理器安装在"战斧"头锥中以进行主动导引头测试。该测试将验证处理器具有发出有源雷达信号和被动接收目标电磁信息的能力,而该能力是使导弹能够打击陆地或海上移动目标的重要一步。

6. 美国罗彻斯特公司重新供应已停产的英特尔 8X196 系列微处理器

2014 年 5 月,美国电子元器件"后市场"供应商罗彻斯特公司宣布,重新供应美国英特尔公司已停产的 8X196 系列微处理器。该系列微处理器经行业生产制造(OSM)标准测试,具有与原始器件完全相同的外形、尺寸和性能,可继续满足在电机控制、调制解调器、打印机、带有嵌入式计算系统的模式识别等设备中的应用。MCS096 系列微处理器为英特尔公司在 1982 年推出,具有多种封装形式、工作温度范围和工作速度,其军用版本为 80C196KB、87C196KC 和 KD。2007 年,英特尔停止生产和供应该系列微处理器,罗彻斯特公司则在当时向英特尔公司购买了这些器件的知识产权并保存至今。

(三) 日、韩等国在存储器领域继续保持技术优势

为实现存储器存储容量的不断增加,日本和韩国等在存储器技术领域一直处于领先地位的国家积极引入更小特征尺寸和三维堆叠两种技术途径,实现存储器体积比和集成度的大幅提升。

1. 日本东芝公司实现 15nm 闪存的量产

2014 年 4 月,日本东芝公司宣布其已成为世界首个实现 15nm 特征尺寸生产工艺量产的公司,并表示已使用该工艺制造出 2b/单元、128GB 的与非(NAND)闪存。该工艺将于 4 月底在东芝公司的第 5 代工厂投产,替代东芝公司之前的核心生产技术——第二代 19nm 工艺。与第二代 19nmNAND 闪存相比,15nmNAND 闪存在保证同等写入速度的同时,将数据传输速度提升了 1.3 倍,达到 533Mb/s。东芝公司下一步将尝试使用 15nm 工艺技术实现 3b/单元的 NAND 闪存,并实现量产。

2. 韩国三星公司开始量产基于三维硅穿孔工艺的半导体存储器件

2014 年 8 月,韩国三星公司表示已开始量产采用 20nm 工艺和三维

硅通孔(TSV)封装技术制造的64GB寄存器的双线内存模块(RDIMM)。该RDIMM包含36片DDR4动态随机存取存储器(DRAM)芯片,每个DDR4 DRAM芯片由4个厚度仅为几十微米的4GB DDR4 DRAM芯片垂直堆叠互连而成,单个DRAM芯片的硅通孔数达到数百个。新的64GB RDIMM模块的存储速度是采用键合封装的64GB RDIMM模块的2倍,而功耗仅为后者的1/2,将在企业级服务器和基于云服务的系统中发挥重要作用。三星公司下一步将研究采用TSV堆叠更多DDR4 DRAM的工艺技术。

3. 法国空客公司推出新型宇航级基于闪存的固态记录器

2014年5月,法国空客国防和宇航部门推出新型基于闪存的固态记录器(SSR)。该产品已通过美国NASA宇航产品质量测试,是唯一获得宇航应用许可的基于闪存的SSR,并已搭载在SPOT-6卫星上进行了超过20个月的在轨运行试验。闪存具有非易失性,可在断电的情况保存数据,还可显著减小SSR的体积、重量和功耗,进而大幅节约成本。与前几代基于同步动态随机存储器(SDRAM)的SSR相比,基于闪存的SSR的存储能力提升60%,重量和尺寸分别减少至40%和20%,功耗减少至29%。在5月19~22日科罗拉多州召开的太空研讨会上,最新展出的SSR可提供0.5TB的存储能力,重量只有6.5kg,同时录制和播放工作模式下的功耗小于10W。

(四)现场可编程门阵列尺寸继续减小,性能不断提高

现场可编程门阵列(FPGA)的特征尺寸也在向更小方向发展,阿尔特拉已推出14nmFPGA。美高森美公司在2014年推出军用级FPGA系列产品,并获NSA许可,用于军用通信系统等装备。

1. 美国阿尔特拉公司推出基于英特尔14nm三栅晶体管工艺的FPGA产品

2014年4月,美国阿尔特拉公司展示了世界首款基于英特尔公司14nm三栅晶体管工艺的Stratix 10系列FPGA和系统级芯片(SoC)产品。与英特尔公司的第一代22nm三栅晶体管工艺相比,第二代14nm三栅晶体管显著减少尺寸和提升性能,因此Stratix 10系列FPGA和SoC产品取得了前所未有的性能、功耗、密度和成本优势。Stratix 10系列FPGA和SoC集成了400多万逻辑器件,是目前集成度最高的单片器件;单精度、硬核浮点数字信号处理性能优于10^{12}浮点运算;串行收发器带宽比前一代FPGA高4倍;在低功耗、高性能应用中,可将功耗降低70%。

2. 美国美高森美公司推出军用级FPGA产品,并通过国家安全局安全检查

2014年5月,美国美高森美公司推出军用级SmartFusion2系列SoC和IGLOO2系列FPGA,包含高速串行输入/输出端口、嵌入式数字信号处理器和存储器,内置安全和防篡改功能,可工作于-55~125℃温度范围内,具有功耗低、安全性高和可靠性高等优点,适用于战术导弹、无人值守地面传感器、高空航空电子传感器和其他航空航天及国防应用,可帮助国防和航空航天装备商提升其数据通信和网络中心战能力,推动军用通信设备市场的发展。其中,SmartFusion2系列SoC FPGA集成有基于闪存的FPGA架构、一个166MHzARM Cortex-M3处理器、先进的安全处理加速器、数字信号处理器模块、静态随机存储器、嵌入式非易失性存储器和高性能通信接口;IGLOO2系列FPGA包含基于查找表的架构、5Gb/s的收发机、高速通用输入输出端口、区块存储器、高性能内存子系统、数字信号处理器模块、带有通用输入输出端口的非易失性闪存架构、5Gb/s的并行转换器接口和外部控制器接口高速终端。8月,美高森美公司表示,该两款产品已通过美国NSA信息保护署安全实施指南所要求的安全检查,可用于安全通信和网络空间安全应用。

(五)硅和锗硅射频器件工作频率和功率进一步提高

为满足小功率射频系统的不断微型化,硅和锗硅射频器件的工作频率、工作功率不断提升,数字信号处理部分的硅数字集成电路的集成度也不断提高。

1. 美国国防先期研究计划局研制出首个工作在 94GHz 的全硅单片集成发射器系统级芯片

2014年6月,美国DARPA"高效线性全硅发射机集成电路"(ELASTx)项目研究人员研制出首个可工作在94GHz的全硅单片集成信号发射器SoC,将原本由多个电路板、单独的金属屏蔽装置和多条输入/输出连线组成的发射机集成到了一个只有半个拇指指甲盖大小的硅芯片上,实现了硅基射频器件输出功率和效率的大幅提升,以及硅数字信号器件和射频器件的单片集成。该全硅SoC采用数字辅助功率放大器,其性能参数可根据信号需求进行动态调整,支持多种调制方式,可通过波形变换与多个系统进行通信,显著减小了毫米波应用系统的尺寸、重量和功耗(SWAP)。此项技术突破有望为未来军用射频系统提供新的设计架构,使下一代军用射频通信系统体积更小、重量更轻、成本更低和功能更强。

2. 比利时微电子中心研制出首个79GHz硅基雷达发射器前端

2014年2月,比利时微电子研究中心(IMEC)和布鲁塞尔自由大学联合宣布,采用纯数字28nm硅基互补金属氧化物半导体工艺制造出全球首个79GHz雷达发射器前端。该发射器前端采用相位调制,保证了强抗干扰能力,支持编码域多输入、多输出雷达,电源电压为0.9V,功耗仅为121mW,输出功率大于10dBm,距离分辨率优于10cm,角度分辨率优于10°,不仅提升了雷达的单片集成度,还将显著提升尘、雾和黑暗等模糊环境中雷达探测的准确性,为实现汽车和智能环境用全雷达单片集成铺平了道路。IMEC计划在2014年底完成接收机功能的研制,在2015年底前完成完整多天线实验室产品原型的研发,然后通过集成模数转换器和数字逻辑电路,实现雷达收发机的全单片系统集成。

3. 美国IBM公司提供新的射频绝缘体上硅和锗硅代工工艺

2014年6月,美国IBM公司表示将为客户提供经改进的射频绝缘体上硅(SOI)和锗硅工艺代工服务。新的SOI工艺称为7SW SOI,是

180nm/130nm 混合工艺,性能比前一代工艺(7RF SOI)提升30%。IBM 公司此前已使用7RF SOI 工艺生产了超过70亿片芯片,此次7SW SOI 针对下一代智能手机中的多波段开关应用做了优化,适用于 LTE 高频段和 WiFi 5.8GHz 频段,满足世界各地智能手机的频段使用要求。新的 SiGe 工艺称为9HP,是 90nm 工艺,以 E 波段(70~100GHz)应用为目标,具体包括汽车雷达、光通信链路、基站、无线回程、测试和仪表、军事和航空航天等。这两个新工艺为 IBM 公司独立拥有,并已由 IBM 公司设在佛蒙特州伯灵顿的工厂提供代工服务。此外,IBM 公司设在法国的代工厂也可提供新的 SOI 工艺。

(六) 第二代化合物器件领域新产品不断问世

第二代化合物半导体器件中的砷化镓器件和磷化铟器件继续保持平稳发展态势,不断有新产品问世,在无线通信等射频和微波领域继续发挥重要作用。

1. 美国 Pasternack 公司推出多款军事和商业用低噪声放大器

2014年6月,美国 Pasternack 公司推出14款军事和商业射频和微波领域用低噪声放大器(LNA),具有宽带和高增益等优点。该系列 LNA 以混合微波集成电路设计和先进的砷化镓赝配高电子迁移率晶体管(PHEMT)技术为基础;可工作在9kHz~18GHz 频率范围内,噪声系数为0.8~3dB,增益水平为25~50dB,增益平坦度为±0.75~±1.25dB,功率输出水平为10~18dBm;采用具有良好稳定性的 SMA 接口;内置有电压调整、偏置测序和反向偏置保护等功能,以进一步提升产品可靠性。该系列 LNA 有密封和非密封两种封装版本,内部输入输出阻抗已匹配至50Ω,客户无需再使用外部射频调谐器件。

2. 美国 M/A-COM 公司推出多款 X 波段通信和雷达用高功率砷化镓放大器

2014年4月,美国 M/A-COM 技术解决方案公司推出两款 X 波段通信和雷达用大功率砷化镓单片微波集成电路放大器 MAAP-015030

和MAAP-015035。MAAP-015030为二级(8.5~11.75GHz)功率放大器,饱和脉冲输出功率为41dBm,大信号增益为21dB,小信号增益为25dB。MAAP-015035为三级(8.5~11.5GHz)赝配高电子迁移率晶体管功率放大器,饱和脉冲输出功率为41dBm,小信号增益为36dB。两款放大器的功率附加效率均为40%,均可使用直接栅电压或片上栅偏置电路实现栅端偏置,无需额外的驱动放大器,为高功率X波段应用提供单芯片解决方案,适用于地面移动雷达、安全周边和通信链路等多种X波段应用。

2014年7月,美国M/A-COM技术解决方案有限公司推出X波段通信和雷达用大功率砷化镓单片微波集成电路放大器MAAP-015036。该放大器为两级放大器,工作频段为8.5~10.5GHz,饱和脉冲输出功率为42dBm,大信号增益为17dB,典型功率附加效率为43%;偏置电压为8V,可通过使用一个直接栅电压或一个片上栅偏置电压电路来进行偏置,并提供了双面偏置结构以保证组装和电路板设计的最佳灵活性。该器件适用于多种X波段应用,如海洋、天气和地面活动雷达、安全周边和通信链路等。

3. 美国诺·格公司推出磷化铟基微波单片集成宽带超低噪声放大器

2014年5月,美国诺·格公司推出两款高性能磷化铟微波单片集成宽带超低功耗LNA,适用于E波段和W波段通信链路、传感器、毫米波成像、雷达和微波无线电等商业和军事应用。该两款LNA由诺格公司设在曼哈顿、已获美国国防部"可信代工"认证的先进化合物器件代工厂制造,所用磷化铟工艺已多次用于诺格公司先进的军用通信系统,此次是该工艺首次应用于商用产品。两款LNA性能如下:(1)ALP283工作于80~100GHz,提供29dB线性增益、2.5dB典型噪声指数和3dBm的1dB压缩增益,尺寸为1.7mm^2,在80~100GHz的典型平均噪声指数为2dB,适用于波段毫米波成像、传感和通信链路;(2)ALP275工作在71~96GHz,提供26dB线性增益、3dB典型噪声系数和4dBm的1dB压缩输出功率,尺寸为2.125mm^2,适用于E波段和W波段通信链路。

（七）碳化硅器件技术应用领域持续扩大

美、欧继续挖掘碳化硅器件在大功率电力电子方面的应用潜力，更高温度和更大电压的碳化硅器件也不断问世。根据美国市场和市场（MarketsandMarket）公司预测，未来碳化硅器件市场将保持高速增长态势，至2020年复合年增长率预计将达到42%。

1. 美、欧继续推动碳化硅功率器件的研发

2014年6月，美国碳化硅功率器件制造商Monolith公司和德国硅器件代工厂X-FAB公司将合作实现150mm碳化硅晶圆的量产。Monolith公司的碳化硅功率器件所用生产工艺与互补金属氧化半导体（CMOS）工艺兼容，因此可移植到X-FAB公司的CMOS生产线上，并大幅降低器件制造成本和提高器件的可靠性，进而推动碳化硅器件在高性能和高效率电力电子系统中的广泛应用。目前，X-FAB公司已完成对150mm碳化硅晶圆制造1200V碳化硅器件的工艺验证。Monolith公司开发的碳化硅器件由美国能源部能源高级研究计划局的"控制高效率系统用宽禁带廉价晶体管战略"（SWITCHES）项目提供部分支持。该项目的目标是设计开发出新型宽禁带半导体器件，以提高功率器件的功率频率和高温工作能力，并降低功耗和生产成本。此外，Monolith公司和X-FAB公司还是美国新建成的功率制造研究所的固定合作伙伴，该研究所由美国能源部先进制造办公室提供资助。

2. 美国研制出可工作于更高温度和更高电压下的碳化硅器件

2014年5月，美国美高森美公司推出可工作在1200V的新型碳化硅金属氧化物半导体场效应晶体管产品系列，导通电阻分别为80Ω和50mΩ，采用TO-247和SOT-227两种封装形式，适用于太阳能逆变器、电动汽车、焊接和医疗等需要高功率和高效率的电力电子系统。

2014年6月，美国阿肯色大学电路设计中心研制出可工作于350℃的碳化硅集成电路，该成果将用于电力电子、汽车和航空航天等高温或极温领域，提高这些领域所用处理器、驱动器、控制器及其他模拟/数字电路器件的性能,同时减小器件尺寸和降低复杂性。此项研究是美国国家科学基金会"建设创新能力"项目的一部分。该项目希望通过建立大学和产业界间的智力联盟,将创新性概念转化为实物和产品。此次研究成员除阿肯色大学外,还包括当地的两家公司,其中一家公司正在实现该技术的商业化,另外一家公司则重点关注该技术在电力领域的应用。此外,阿肯色大学电路设计中心自2005年起一直受到美国能源部资金支持,研发与智能电网和可再生能源相关的电力电子器件技术。

3. 雷神公司通过先进的碳化硅技术助力电动飞机发展

2014年7月,雷神公司表示,凭借其在高温碳化硅器件领域的领先优势,已通过英国"航天成长伙伴"合作计划参与到未来多电飞机(MEA)的研发中。该碳化硅器件可工作于超过300℃的高温,远超过了传统硅基电源模块150℃的工作温度上限,可在高密度、高温电源模块中提供超过现有最佳水平的功率输出,进而实现更紧凑和更高效的电源模块,满足电动飞机的发展需求。雷神公司将参与到MEA研发计划中所有功率架构和产品合作项目,包括多电发动机的动力输出和动力转换(SILOET II)、电控发动机启动功率传输(POMOVAL)、电机驱动功率传输子系统(LAMPS)、专用高温碳化硅功率模块(R-PSM)和恶劣环境健康监控设备(HEEDS)等。MEA是指在所有非推进系统中实现电力驱动,而不再使用传统的由液压、气动、机械和电等二级功率源联合驱动的方式。

4. 美国行业研究机构预测,至2020年碳化硅器件市场年增长率将达42%

根据市场和市场公司2014年6月发布的一项名为《碳化硅半导体市场技术、产品和应用(汽车、国防、计算机、消费电子、信息和通信技术、工业、医疗、铁路和太阳能)》报告指出:碳化硅市场产值将在2020年达到31.82亿美元,2014—2020年的复合年增长率预计将达到42%;碳化硅基半导体的禁带宽度和热导率均是硅基半导体的3倍,对太阳能功率器件、恶劣环境、军事和国防系统等应用具有巨大吸引力，而氮化镓器件的快速发展将成为制约其发展的一个重要竞争力量。报告中除对技术、产品、应用和地理分布等情况进行了说明外，还介绍了主要碳化硅半导体器件生产商，包括美国科瑞公司、飞兆半导体公司、Genesic 半导体公司、美高森美公司，德国英飞凌技术公司，瑞典 Norstel AB 公司，瑞士意法半导体公司，日本瑞萨电子公司、罗姆公司、东芝公司等。

（八）氮化镓器件的产品性能大幅提升

由于美、欧近年持续大力发展氮化镓器件，氮化镓器件制造能力在 2014 年均取得大幅提升：美国雷神和三五（TriQuint）公司的氮化镓器件制造成熟度分别达到了 8 级和 9 级（最高 10 级）；欧洲建立了独立的氮化镓供应链。美国、欧洲国家和加拿大的多家氮化镓器件生产商也推出多款氮化镓器件产品，氮化镓器件的工作频率、功率和类别都得到了极大的丰富。随着氮化镓器件技术的成熟和成本的不断降低，美国和欧洲各国已将氮化镓列入下一代装备的研制，以大幅提升通信、雷达、电子战等军用装备的探测范围、灵敏度和成像能力。

1. 美、欧氮化镓器件制造能力发展取得重要里程碑

2014 年 1 月，美国 AFRL 依据"国防生产法案第三法令"计划要求，完成了对雷神公司 X 波段氮化镓微波毫米波单片集成电路（MMIC）生产能力的评估、改善和验证等工作。结果表明，雷神公司氮化镓 MMIC 制造成熟度达到 8 级，产量提高 3 倍，成本下降 76%，具备国防系统应用中的能力，可进入低速初始生产阶段。此外，雷神公司还创造了超过 100 万小时的可靠性测试纪录。经认证的氮化镓 MMIC 生产能力由雷神公司综合防空中心化合物半导体代工厂完成。该代工厂拥有 30 名研究人员和 100 名器件、电路工程师，占地 2130m^2，洁净度达到 100 级，主要生产砷化镓 MMIC 和氮化镓 MMIC 等化合物功率电子器件，是美国国防部可信度等级最高（1A 级）的可信代工厂。

2014年7月,美国TriQuint公司表示,已完成美国"国防生产法案第三法令"计划中"先进电子战用碳化硅基氮化镓单片微波集成电路生产能力"项目,取得国防生产领域的重要里程碑,其高频大功率氮化镓生产线经美国AFRL制造成熟度评价工具和标准评估后证实已达到制造成熟度9级标准,制造工艺已满足全部性能、成本和产能要求,并具备支持全额率生产的能力。TriQuint公司因此成为首个氮化镓器件制造成熟度达到9级的厂商。在相控阵现场测试中,1.5万个器件的累计无故障使用时间超过367万小时;在被称为行业领先可靠性测试的三温加速寿命试验中,器件平均无故障时间远超过1×10^7h,200℃工作环境中出现1%失效的时间超过1×10^6h。TriQuint公司已为正在进行的雷达生产项目生产了11.9万个0.25μmGaN功率放大器。

2014年6月,德国"基于宽禁带化合物半导体的高能效和低成本创新型功率器件"(NeuLand)项目使用碳化硅和硅基氮化镓材料研制出高集成度功率元器件和电子电路,经测试可减少35%的功耗。如将这两种材料应用于个人计算机、平板电视、服务器和电信系统中的开关电源,功耗节省有望超过50%。该项目于2010年底启动,为期3年,由德国联邦教育与研究部(BMBF)提供资金支持,总投资约470万欧元,是德国"IKT2020-研究创新"中"可提升能效功率电子"计划的一部分。德国英飞凌公司负责牵头,并进行器件设计和生产工艺研发,合作方包括负责碳化硅晶圆生产的爱思强(Aixtron)公司和负责太阳能领域应用开发的SMA太阳能技术公司等。

2014年7月,欧洲"可制造的碳化硅基氮化镓器件和氮化镓外延层晶圆供应链"(MANGA)项目圆满完成,研制出了可用于氮化镓外延生长的高质量碳化硅衬底,以及实现了氮化镓基高电子迁移率晶体管的量产,使欧洲可在不依赖国际供应商的情况下,生产出与美国同等产品相同性能的碳化硅基氮化镓功率电子器件。该项目为期4年,由欧洲防务局领导,来自德国、法国、意大利、瑞典和英国5个国家的多所研究机构、大学和国防企业共同参与其中。研究人员下一步将继续提升器件可靠性和晶体管的材料质量。该项目的完成有效加强了欧洲功率电子器件的可靠供应基础,为氮化镓器件在欧洲先进雷达、通信天线到电子战等军事系统中的使用提供了充分的保障。

2014年6月4日,美国诺格公司推出两款大功率氮化镓单片微波集成电路(MMIC)功率放大器,适用于Ka波段卫星通信终端和点对点数字通信链路等。该两款放大器采用诺·格公司专有的氮化镓高电子迁移率晶体管工艺制造,工作频率为27～31GHz,功率密度超过市场上目前所有Ka波段的氮化镓产品。若将该两款放大器集成进高效固态功率放大器(SSPA)中,则可有效替代行波管,使通信系统具备更高的数据速率,并减低供电电压、降低生产难度和成本。两款放大器性能如下:①APN228提供19.5dB线性增益和41.2dBm饱和输出功率,功率附加效率超过27%,尺寸为16mm^2;②APN229提供20dB线性增益和39dBm饱和输出功率,功率附加效率超过30%,尺寸为7.41mm^2。

2. 美国、加拿大和欧洲推出多款氮化镓器件产品

2014年5月,美国M/A-COM公司宣布其产品线新增17款硅基氮化镓射频功率器件,以及新型硅基氮化镓外延和悬空外延半导体工艺技术和材料,满足甚高频、超高频和L波段国防航空和无线通信等应用。美国科通PST公司推出高功率密度氮化镓射频放大器模块,工作频率6～18GHz,输出功率大于50W,最大功率输出时增益为44dB,适用于空间和冷却能力有限的通信、电子战和雷达发射机等系统。美国Artesyn公司推出输出电压分别为28V和48V的氮化镓直流转换器模块,输出功率达到800W,为全球最高水平,典型转换效率超过94.5%,工作环境温度-40～85℃,可在无冷却措施、底板温度达到100℃时持续全功率工作,平均无故障工作时间为1×10^{6}h。美国科瑞公司推出两款塑封氮化镓晶体管,输出功率分别为6W和25W,饱和输出功率效率和增益是砷化镓对应类型晶体管的2倍,而体积仅为其1/20,适用于输出功率小于100W和对成本敏感的商用雷达和数据链路放大器市场,可在C波段和X波段替代效率较低的砷化镓器件,以及在天气、海洋和监视等领域用雷达中替代寿命有限的真空管。

2014年6月,美国API公司推出输出脉冲功率为500～1000W、工作频率为18GHz的氮化镓脉冲功率放大器,可在雷达、通信发射机和干扰系统等军用和高端商用领域替代行波管,并进一步带来长寿命、低成本和小尺寸等优势。美国诺·格公司推出两款大功率氮化镓MMIC功率放大器,工作频率为27～31GHz,功率密度超过市场上目前所有Ka波段的氮化镓产品,适用于Ka波段卫星通信终端和点对点数字通信链路等。若将该两款放大器集成进高效固态功率放大器(SSPA)中,则可有效替代行波管,使通信系统具备更高的数据速率,并减低供电电压,降低生产难度和成本。英国金刚石微波公司推出超紧凑型宽带氮化镓SSPA,可以脉冲或连续波模式工作在2～6GHz,在2GHz时脉冲输出峰值功率可达100W,全频率范围内平均输出功率达50W。该放大器对公司现有X波段和Ku波段SSPA形成补充,并继续满足国防、航空航天和通信等领域的苛刻应用要求。

2014年8月,美国M/A-COM公司推出L波段雷达用碳化硅基氮化镓高电子迁移率晶体管:工作频率为1200～1400MHz,峰值功率为650W,典型增益为19.5dB,效率为60%;可耐高击穿电压,可在50V或更极端的负载失配条件下可靠稳定运行,采用陶瓷封装,平均无故障时间达到5300万小时。美国Custom MMIC公司以裸芯片形式推出了可工作在14～18GHz的氮化镓功率放大器:在整个带宽范围内可提供16dB的平坦增益,1dB压缩点输出功率为37dBm,功率附加效率超过32%;采用完全50Ω匹配设计,仅需一个外部旁路电容即可完成偏置电路;适用于Ku波段通信系统。加拿大氮化镓系统公司推出5款常关型100V氮化镓晶体管和5款低电感高热效率常关型650V氮化镓晶体管,满足高压直流—直流和交流—直流转换器,不间断电源和重负荷电池供电等领域应用。

3. 氮化镓器件进入美、欧下一代武器装备的研制

氮化镓器件能在微波频率有效放大高功率射频信号,其射频功放提供的功率是砷化镓的5倍,因此,可使军用射频系统的尺寸更小、成本更低、性能更强大。随着氮化镓技术的成熟和成本的下降,美、欧已将氮化镓纳入下一代装备的研制。2014年2月,雷神公司凭借在氮化镓半导体材料方面的优势赢得了美国海军下一代干扰机的研发合同。氮化镓材料的功率和效率是下一代干扰机研发的关键,可有效缩小传感器元件尺寸、减轻其重量,因此,氮化镓可在干扰机吊舱尺寸、重量和功率的限制条件下提高射频信号的功率。6月,雷神与美国海军签署价值600万美元的合同,以进一步开发基于氮化镓技术的企业级空中监视雷达(EASR)。雷神公司的EASR概念以防空反导雷达(AMDR)上成熟的雷达模块化组装(RMA)为基本结构。RMA结构为EASR提供了可扩展性和灵活性,可满足各种尺寸舰船执行不同任务的要求,并最终降低在所有平台上装备EASR的总成本。EASR将用于船舶自卫、态势感知、空中交通管制和天气监测等领域。

2014年7月,雷神公司在美国"爱国者"防空和导弹防御系统雷达上成功演示了氮化镓基有源电子扫描阵列(AESA)技术原型。雷神公司表示,氮化镓基AESA技术未来地面传感器的发展方向,并将应用于雷神公司的整个传感器产品中。这些技术除了能够在未来实现360°感知覆盖外,还将扩展防御范围,并减少探测、辨别和消除威胁的时间,以及改善雷达的可靠性和降低全寿命周期成本。同月,瑞典萨博电子防务系统公司也展示了其研制的氮化镓基AESA,该AESA并已用于下一代鹰狮战斗机、X波段和S波段的三型陆基系统和两型海基系统,能够同时进行空中防御、空中监视和武器定位。

4. 法国行业研究机构预测,至2020年氮化镓器件市场年增长率将达80%

2014年7月,法国著名行业研究机构悠乐(Yole)公司发布研究报告称:氮化镓器件市场规模将在2016年迎来高速发展期,到2020年将达到6亿美元,复合年增长率将达80%;到2020年,射频氮化镓器件在射频器件市场中的占有率将超过18%,有望达到20%;由于具备成本优势,硅基 GaN 射频器件将在未来 2~5 年内通过 15.24cm(6in) 和 20.32cm(8in) 量产技术的成熟先于碳化硅基 GaN 器件进入市场,并在 3.5GHz 以上频率范围内逐步替代硅横向扩散金属氧化物半导体(LD-MOS),满足 3G/4G 通信基站、卫星通信、有线电视和雷达等应用需求。目前,世界生产氮化镓射频器件的公司主要有美国科瑞、TriQuint/RFMD、MACOM/Nitronex 和美高森美公司,日本住友和三菱公司,韩国 RFHIC 公司,荷兰恩智浦公司等。

(九)太赫兹器件的工作频率已超过1THz

2013 年 11 月,诺·格公司在 DARPA"太赫兹电子学"项目的支持下,采用真空电子器件的设计思路、微/纳电子器件的制造工艺和材料,首次将微/纳电子工艺应用于太赫兹真空电子器件之中,研制出世界上首个工作于 0.85THz、输出功率达 67mW 的真空功率放大器。这是太赫兹功率源在工作频率和发射功率上的重大突破,为真空电子器件工作频率的大幅提升、太赫兹功放器件的小型化,提供了有效的技术途径。

2014 年 11 月,美国诺·格公司在 DARPA"太赫兹电子学"项目的支持下,开发出世界上工作频率最快的太赫兹固态放大器集成电路,工作频率高达 1.03THz,即每秒 1 万亿次。其在 1THz 工作频率下的增益为 9dB,在 1.03THz 工作频率下为 10dB。该放大器的研制推动了太赫兹射频电路的构建。

八、光电子技术

2014 年,军用光电子技术进展显著,激光器继续朝着新型、大功率、高频方向发展,相继出现套装光束激光、拍瓦激光器、太赫兹激光器、紫外激光器和千瓦级光纤激光器。30kW 光纤激光器经过验证,标志着美国在陆、海、空军用平台上部署激光武器系统达到一个重大里程碑阶段。光电探测器进入太赫兹、超光谱/多光谱探测(传感)器和红外焦平面探测时代。石墨烯太赫兹探测器研究持续升温。大像素焦平面阵列红外传感器通过检测导弹热羽烟来探测跟踪防空导弹和来袭弹道导弹。可穿戴平视显示器将增强士兵敌我识别和协调行动能力。采用二硒化钨二维晶体制备柔性轻型光电器件正处于样品研制阶段。美国DARPA通过"光电异质集成"项目成功制备出高效硅基激光源。

(一)新型套装光束、高重频和太赫兹激光器向远行程、大功率、高频率和实用化方向发展

2014年激光器迅猛发展的前沿技术是新型套装光束激光技术、高重频拍瓦激光器、量子级联太赫兹激光器、大功率光纤激光器和紫外激光器。高重频拍瓦激光器峰值功率达到 10^{15} W;量子级联太赫兹激光器输出功率超过1W,可检测人体内癌症、药品化学特征和遥测爆炸物;美国利用频谱组束工艺验证机载 30kW 光纤激光器。DARPA 启动小型紫外激光器项目用于探测生化战剂、医疗诊断、先进制造和原子钟等。

1. 美国研究光束行程可达到 50m 的新型套装光束激光技术

2014年4月2日,美国亚利桑那大学和中佛罗里达大学开发了一种发送高强度激光束的技术,使光束穿越大气层到达更远距离。研究尚处于实验室阶段。技术核心源于在高强度主激光束中嵌入低强度次激光束。利用两种不同性质的光束,一种是产生丝状光束的高强度聚焦中央光束,另一种是围绕它的远程定常强度套装光束。当主激光穿过空气时,称作套装光束(Dress Beam)的次激光给主激光补充能量,支撑其传播到更远的地方。

美国国防部投入 750 万美元经费支持这项长达 5 年的多学科多机构合作研究,旨在探究极短激光脉冲穿越大气层传播到数千米的方法,克服大气湍流、云中水滴、薄雾和雨水造成的散射。这种光束能够用于超远距离探测系统上。实验室中激光丝状光束行程可达到 50m。丝状光束在空气中穿行时,激发出具有最小电阻的等离子通道,可吸引闪电

放电,在雷电期间控制闪电远离建筑物。

2. 欧洲与美国联合研制高重频先进拍瓦激光器

2014年2月18日,欧洲与美国联合研制高重频先进拍瓦激光器(HAPLS)。设计出的HAPLS频率为10Hz,最终可产生超过1 PW(10^{15} W)的峰值功率,即每个脉冲在小于30fs($1 fs = 10^{-15}s$)时间内产生30J的能量。30 fs是光速穿越人的一根头发直径所需要的时间。

HAPLS由两个相连的激光系统组成。第一系统是"二极管泵浦固体激光器",为第二系统"啁啾脉冲放大器短脉冲激光器"提供能量。二极管泵浦固体激光器的功率放大器使用掺钕玻璃放大器(与美国国家点火装置相同),平均功率达到2kW。在二极管泵浦固体激光器的输出端,利用频率转换器倍频,从红外转变成绿光,以匹配短脉冲激光器的吸收谱带要求。整个系统长17m、宽4.6m,外加占地4m^2的激光脉冲压缩机。

3. 英国开发太赫兹激光器,用于检测人体内癌症、药品化学特征和遥测爆炸物

2014年2月17日,英国利兹大学开发出世界上功率最大的量子级联太赫兹激光器芯片,输出功率超过1W。太赫兹波具有广泛用途,可检测药品化学特征、非侵入性检测人体内癌症和遥测爆炸物。

太赫兹激光器由1000~2000层不同半导体材料,如一个原子层厚的砷化镓构成。制备激光器需要精确控制每一层的厚度和层数。技术突破在于合理设计、制造层状半导体材料,以及利用层状材料开发便携式和低成本高功率激光器的能力。该研究受到英国工程和物理科学研究委员会(EPSRC)资助。

4. 美国利用频谱组束工艺验证千瓦级光纤激光器

2014年1月,洛·马公司验证了一款30kW光纤激光器,这是迄今为止能够保持高光束质量和用电效率的最大功率的光纤激光器。演示时利用多个光纤激光器组合成一个高质量因子(M^2)的光束,其消耗电能仅是其他固态激光技术的50%,各个光纤模块分别发出不同波长的

光束,利用独特的频谱组束工艺形成一束高功率高质量的光束。

洛·马公司已为高功率、电驱动激光系统打开了军事应用之门。利用现有激光器和创新的波束合成技术,可以提供轻巧而坚固的激光武器系统并用在直升机、舰船和卡车等军用平台上。这次成功验证标志着在陆、海、空军用平台上大范围部署激光武器系统达到一个重大里程碑阶段。

5. 美国国防先期研究计划局研发小型紫外激光器,提高对化学与生物战剂的探测灵敏度

2014年3月,DARPA启动"战术有效的拉曼紫外激光光源"(LUSTER)项目,旨在开发结构小巧、性能可靠的紫外光谱探测设备。DARPA的目标是,新紫外激光器的体积是现有激光器的1/300,能够发射220~240nm波长的深紫外光,功率输出大于1W,功率转换效率大于10%,谱线宽度小于0.01nm。

目前"紧凑型中紫外技术"(CMUVT)项目已经完成,DARPA希望在此基础上研制LUSTER项目。CMUVT项目已研发出高效大功率中紫外发光二极管,波长接近LUSTER的紫外光波长。但发光二极管对化合物识别的灵敏度有限,因此DARPA希望LUSTER项目能够开发出新的激光技术,使其准确度和灵敏度不低于当前昂贵的激光系统,其稳定性和成本又与发光二极管相当。除了用于探测战场或国内大规模恐怖袭击中可能出现的化学与生物战剂,紫外激光器还可用于医疗诊断、先进制造和原子钟等。

(二)新材料探测器进入研发初期,超/多光谱传感器、红外传感器已部署于军用平台

2014年光电探测器取得显著进展的是石墨烯探测器、超光谱/多光谱探测器、红外传感和热成像系统。石墨烯基光电探测器具有超宽频带灵敏度,超/多光谱探测器部署在无人机和海军舰艇上用于远程监视和跟踪目标。数字焦平面阵列红外探测器具有探测、跟踪防空导弹的能力。热成像系统用于情报监视和侦察(ISR)。

1. 超宽频带灵敏度石墨烯探测器问世,可用于夜视技术

2014年3月,美国密歇根大学通过分离中间有隧道层的两层薄石墨烯,成功分离了电子和空穴,生成大电流。通过将下部的石墨烯层制成晶体管,可以将电流放大到应用水平。这种石墨烯基的光电探测器可以吸收从可见到近红外光谱区2.3%的光。底层石墨烯晶体管作为放大器可将光响应放大上千次,超越了以前的石墨烯装置性能。图9为石墨烯光电探测器原理图。

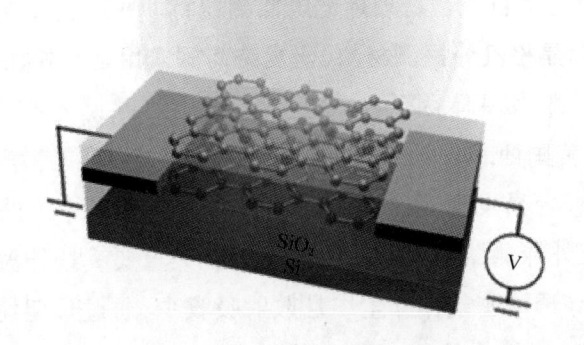

图9 石墨烯光电探测器原理图

研究人员在两层石墨烯之间夹了一层5nm厚的Ta_2O_5作为隧道层,以形成很薄的光电探测器。通过掺杂或替换新材料作为隧道层,可以得到期望的性能。若换成硅隧道层,硅电导频率比石墨烯本征费米能级仅高0.5eV,对红外波长会有更好的响应。未来工作将包括试验各种不同隧道层及用半导体薄膜代替石墨烯。目前的红外探测器需要冷却,而这种超宽频带光电探测器却可以在室温下工作,为热寻的导弹红外探测器和其他军事应用开辟了通路。2014年9月,澳大利亚莫纳什大学、美国马里兰大学和美国NRL,开发出一种基于单层碳原子石墨烯的光探测器。探测器检测波长范围宽广,能够探测位于红外和微波辐射之间的太赫兹波,比如可探测到墙壁后面的物体。这是可见光探测器难以探测到的波段。

研究人员已经验证从近红外频段到太赫兹的光探测技术，探测光谱范围比可见光谱大100倍。红外和太赫兹频段具有多种检测用途，从化学分析到夜视镜，以及机场安检的全身扫描仪。目前太赫兹检测技术应用十分有限，因为需要极冷环境维持灵敏度。已有工作在室温的探测器体积庞大、运行缓慢并昂贵。而新研制的探测器在室温工作，与任何在太赫兹范围工作的现有室温探测器技术同样灵敏，但速度快100万倍。

具有太赫兹波段检测灵敏度与高速度组合的石墨烯光电探测器是前所未有的创新技术。由于探测器制造工艺简便，可以制造廉价的红外照相机和夜视护目镜。石墨烯光电探测器将彻底改变夜视技术。

2. 设计超晶格红外探测材料，研发空间探索用远红外探测器

宇宙中的许多星体因为太冷且光线微弱，可见光难以检测到。2014年7月，美国西北大学采用一种新型超晶格材料，能检测长波长远红外光，可以较容易发现变冷星体，从而为深空探测铺平道路。

高性能红外探测器对于空间探索任务至关重要。红外波比可见光波长更长，能穿透浓密气体和尘埃且散射吸收少，通过长期使用红外线探测空间深处，分析冷星辐射的红外波，可以揭示变冷星体的成因。目前使用的红外探测器通常采用碲镉汞材料，工作在中红外和远红外波段。但是，成熟的碲镉汞技术在远红外波段显示低均匀性和不稳定性。

美国西北大学研究团队在6月23日《应用物理快报》杂志上发表论文，描述了新型砷化铟/铟砷锑(InAs/InAsSb)Ⅱ类超晶格材料，对甚长波长红外光显示稳定的光学响应特征。通过设计Ⅱ型超晶格材料的量子特性，团队演示了世界上第一个高性能长波长InAs/InAsSb红外光电二极管。InAs/InAsSb材料将成为红外探测和成像的新一代平台，已被证明有较长的载流子寿命，在外延生长和简化可制造性方面有较好可控性。新探测器以其廉价和牢固特性有望替代现有红外探测器。

3. 开发机载超光谱传感器，用于地面隐藏目标探测

2014年2月，美国空军机载传感器专家进行无人机(UAV)飞行试验,以测试新型超光谱传感器,通过探测物体的光谱特征发现人眼看不到的地面目标,比如隐藏的临时爆炸装置(IED)或非法鸦片。位于机载指示和超光谱开发系统吊舱(ACES – Hy)的超光谱传感器可以探测到一个宽广光谱,使军事侦察专家基于目标光谱特征确定具体对象的成分。它在检测简易爆炸装置时特别有效。雷神公司在2012年11月获得开发ACES – Hy项目合同,并将ACES – Hy应用到MQ – 1"捕食者"中等耐力无人飞行器上。

2014年7月,美国Headwall Photonics公司研制出纳米超光谱传感器,为手持发射式商用无人机提供超光谱成像能力。该低成本超光谱传感器运行在电磁频谱(波长400~1000nm)可见光和近红外(VNIR)区间,拥有机载数据处理和存储能力,可使小型无人机的尺寸、重量和功率限制最小化。传感器、数据处理器和存储器全部重量为0.682kg,外形尺寸是7.62cm×7.62cm×11.94cm。纳米超光谱传感器可与全球定位系统(GPS)和惯性测量单元(IMU)导航技术协同工作。VNIR传感器具有640个空间波段和270个频谱波段,分辨率为2~3nm,帧速率大于300帧/s,可用数据存储容量为480GB。纳米超光谱传感器使用精密高性能光栅制备而成,并采用可编程光电模块(OEM)。

4. 研发机载/舰载多光谱传感器,用于远程目标监视和舰艇全天候防卫

2014年3月,美国雷神公司为美国海军西科斯基MH – 60直升机和美国空军HC/MC – 130J螺旋桨飞机提供多光谱传感器——多光谱瞄准系统(MTS)。MTS合同用于直升机的款额是1280万美元,用于螺旋桨飞机的款额是1010万美元。MTS系统将安装在部署可见光和红外摄像机的飞机炮塔形前视吊舱上,用于远程监视和高空目标捕获、跟踪和激光指示。

2014年6月,美国海军水面作战中心(NSWC)发出信息征询书,为海军舰艇项目寻找360°光电/红外(EO/IR)多光谱传感器,该传感器将使海军舰艇在白天、晚上和恶劣天气具备采集舰船周围高分辨率视频和图像的能力。此能力有望增强舰艇防御机动导弹艇群进攻和类似威胁的能力。NSWC将邀请工业在NSWC位于克兰的联合光电中心楼、实验室、目标甲板和格林伍德湖验证360°多光谱传感器。

5. 开发机载热成像系统，增强情报监视和侦察能力

2014年7月，美国陆军合同司令部与前视红外（FLIR）系统公司签署720万美元的合同，给奥地利提供7套Star SAFIRE 380型热成像系统用于情报搜集。远程380热成像系统将彩色数码相机和中波红外（MWIR）传感器组装成一体，安装在运动稳定吊舱内，此吊舱固定在固定翼飞机、直升机上。热成像系统还配置可选短波红外（SWIR）传感器和激光测距仪、照明器和指示器，并将传感器和地理空间数据嵌入视频流。成像单元提供扩展的多光谱成像和彩色图像。

短波红外传感器波长范围是 $0.9\sim1.7\mu m$，提供百万像素的高分辨率成像功能，能检测人眼看不到的红外线。其优势是使用夜晚天空辐射的能量，发射亮度比星光强5~7倍，在没有月亮的夜晚红外传感器可以利用天空辐射清楚地显示物体。Star SAFIRE 380型热成像吊舱可用于情报监视和侦察（ISR）、搜索与营救、海上巡逻、边境巡逻、无人飞行器（UAV）和军队保护。

热成像系统是一个现场可更换单元的全数字全高清系统，具有高带宽高清晰度-串行数据接口（HD-SDI）符号叠加视频信道，遵守政府高清标准，提供1080像素、720像素和其他格式。热成像仪可以利用多模自动跟踪器跟踪运动目标，发现遥远目标和军队，并确定目标的距离和位置。热成像仪的全天候设计符合MIL-STD-810和461军标。

6. 开发双色红外探测器，提高探测跟踪导弹的能力

2014年6月，美国导弹防御局（MDA）与BAE系统公司签署940万美元的合同，用于设计和制造 512×512 像素、高帧速率和先进数字处理能力的双色数字焦平面阵列，如图10所示。

此焦平面阵列通常用作红外探测器，专门检测导弹热羽烟和重新进入大气环境的弹道导弹的弹头，可以提高探测、跟踪防空导弹从而摧毁来袭弹道导弹弹头的能力。BAE 系统公司将向 MDA 提供 5 个基线开发运行数字焦平面阵列,3 个基线工艺验证运行数字焦平面阵列,一套接口电子设备,一个用户指南以促进测试。

图 10　BAE 系统公司双色高速数字焦平面阵列

（三）柔性石墨烯显示器问世,可穿戴平视显示器进入测试认证阶段,将增强战士的作战能力

2014 年光电显示器的最大进展是柔性石墨烯显示器和平视显示器(HUD)。采用柔性石墨烯显示器将大幅度降低显示器制造成本。英国测试步兵佩戴的头盔显示器以增强敌我识别和协调行动的能力;美国研制出士兵可穿戴视图增强平视显示器样机,用于帮助士兵了解战场环境,识别盟军部队与装备;以色列的可穿戴平视显示器进入适航认证阶段,用于增强飞行员的飞行视觉能力。

1. 英国推出第一个柔性石墨烯显示器

2014 年 9 月 11 日,英国剑桥石墨烯中心和英国 Plastic Logic 公司联合推出柔性石墨烯显示器原型。它是一款有源矩阵电泳显示器,类似现在的电子阅读器,只是以柔性塑料代替玻璃。与传统显示器相对比,该显示器利用溶液沉积石墨烯电极,随后制备微米尺度图案以完成基板。它取代了 Plastic Logic 公司传统显示器中的溅射金属电极层。

使用 Plastic Logic 公司的有机薄膜晶体管(OTFT)技术在温度小于 100℃下制备 150 像素/英寸(ppi)的新基板。在此显示器原型中,基板与电泳成像薄膜相结合,创建一个超低功耗和持久耐用的显示器。未来的验证包括采用液晶(LCD)和有机发光二极管(OLED)技术以实现全彩色视频功能。轻便柔性的有源矩阵基板还可用于传感器,开发新型数字医学成像和手势识别应用技术。虽然柔性屏幕已经出现在今天的电子设备中,但这种基于石墨烯的柔性屏幕制造技术,可以大批量生产以降低制造成本。

石墨烯比传统的铟锡氧化物(ITO)电极更有弹性,比金属薄膜更透明。超柔性石墨烯层可以制造范围广泛的产品,包括可折叠电子产品。还可以使用更高效的印刷法和辊对辊制造工艺处理石墨烯以发挥其固有优势。这项研究由英国技术战略委员会拨款资助,是"实现石墨烯革命"计划的一部分。柔性显示屏对下一代高科技电子设备至关重要,将在2015年尝试制造全彩色基于有机场致发光显示器(OELD)的柔性石墨烯显示器。

2. 英国开发平视显示器,增强步兵态势感知能力

2014年2月,英国BAE系统公司开始对轻型Q-Warrior头盔显示器现场测试。此显示器外形像飞行员的平视显示器,但是为需要识别敌我势力和协调小分队行动的士兵而设计。图11为步兵佩戴的Q-Warrior头盔显示器。

图11 Q-Warrior头盔显示器

Q-Warrior是在BAE系统公司Q-Sight显示系统基础上开发的。

该显示器通过一个高分辨率彩色透视显示屏,提高步兵在其视野内观察目标的能力,从而增强态势感知能力。Q-Warrior 还可提供视线外信息,包括文本信息、增强型夜视路径信息、警告和威胁以及跟踪人员与资产的能力。预计首批用户是执行侦察任务的特种部队、前方空中控制、联合战术飞机控制(JTACS)。空降部队和海军陆战队也将采用平视显示器。

3. 美国研制视图增强显示器,以提高士兵发现潜在敌人的能力

2014 年 5 月,美国 DARPA 为士兵设计了一款便利的平视显示器,可以附在士兵头盔上并把显示屏置于眼睛前方,其大小类似于飞行员使用的平视显示器。HUD 属于城市领袖战术响应意识与可视化(Ultra-Vis)项目。HUD 样机已研制数月,距批量生产尚有距离。

HUD 功能丰富,通过显示士兵所处环境的全景彩色图像、海拔、坐标等信息,使士兵了解实时战场环境,显示人眼不能观察到的战场信息以发现潜在敌人,识别盟军部队与装备。根据需要,HUD 可选择显示 5~10km 内的信息。与谷歌眼镜相比,HUD 优势明显。谷歌眼镜将图像直接投影到用户虹膜,容易导致用眼疲劳,而 HUD 通过全息显示屏将信息显示在用户视野范围内,用户不需要上下查看信息,避免出现"大地勇士"单片镜阻挡视野的情形,因此深受军方好评。

4. 以色列推出可穿戴平视显示器,可增强飞行员视觉感知能力

2014 年 6 月,以色列埃尔比特系统有限公司推出 SKYLENS 型可穿戴平视显示器,用于商用飞机飞行员使用的增强飞行视觉系统(EFVS)。

SKYLENS 型显示器外形类似太阳镜,适宜在白天、晚上和恶劣天气下的飞行操作。该系统提供了头顶部信息并使其对机场测试仪表的依赖最小化。飞行员戴着 SKYLENS 显示器可在低能见度条件下起飞和降落,能进入无 EFVS 装备飞机时无法着陆的地点。SKYLENS 在一个透明护目镜上显示高分辨率符号和视频,为飞行员提供视觉感知能力。该系统提供了改装小型座舱飞机和直升机的解决方案。系统目前处于适航认证阶段,计划将在 2016 年年底服役。

（四）新型二维材料制备出光电器件，光电异质集成项目取得新突破

2014年几个原子层厚的二硒化钨（WSe_2）成为光电技术的研究焦点。美国和奥地利采用WSe_2二维材料研制出第一个二极管。通过制作二极管，将有可能制备3种基本光电器件——光电探测器、太阳能电池和发光二极管。美国DARPA的"光电异质集成"项目成功制备出高效硅基激光源。

1. 开发原子层厚二维材料，研制超薄柔性光电器件

2014年3月10日，美国麻省理工学院（MIT）研究团队制备出数个原子层厚的新材料——二硒化钨（WSe_2）。实验中研究人员使用WSe_2制备出电子器件的基本构建模块——二极管。经过概念验证此二极管可能制备超薄、轻质且有柔性的太阳能电池、发光二极管和其他光电器件。

将WSe_2薄膜融入相邻金属电极之间，并将电压从正调谐到负，即可以获得P型或N型材料功能。这意味着可以方便快捷将材料从一种类型转换到另一类型，而传统半导体材料难以做到。MIT研究团队已在实验室制备出半N型和半P型掺杂WSe_2材料制备的器件，开发出接近理想工作状态的二极管。通过制作二极管，将有可能制备3种基本光电器件——光电探测器、太阳能电池和发光二极管。MIT研究团队已经验证了这3种器件。虽然仅仅是概念验证，但已经开辟通往广泛应用的道路。

根据物理原理，此材料可以设计成不同宽度的光子带隙，将有可能制备产生任意颜色的LED，而以往传统材料很难制出全色彩的LED。又因为材料薄、轻且透明，WSe_2太阳能薄膜电池或薄膜显示器（壁挂电视）可以贴到建筑物表面或车辆窗户上，甚至织入服装。由于硒元素不像硅元素或其他电子材料那样充裕，材料薄度成为一大优势。二硒化钨薄膜比传统二极管材料薄数千倍，所以制备给定尺寸的器件可以节

省数千倍的材料。器件在速度和功耗上还有显著优势。

2014年3月17日,奥地利维也纳大学光子学研究所利用几个原子层厚WSe_2晶体材料成功研制出一种特殊PN结类型二极管。WSe_2材料存在能带隙,具有比石墨烯更优异的特性,是目前知名的二维材料。研究人员首先从三维晶体机械"剥离"出厚度0.7nm的WSe_2,随后使用程序检测是否已得到二维晶体。光谱分析、光学对比度测量和原子力显微镜证实该研究达到预期效果。最后将单层WSe_2放置在两个电极之间测量其电特性。这样证实PN结二极管的功能:注入正负电荷,电流只在一个方向上流动。

单层WSe_2晶体理论上是PN结二极管的理想原材料,测定光电转化效率为0.5%,是世界上首次证实的二维晶体材料的光电特性。还可将几层超薄材料堆叠,使效率提高10%。该材料用作光电二极管的功能已被证实,其灵敏度高于石墨烯。95%的高透明性意味着该材料可同时用于窗户玻璃和太阳能电池。只有几个原子厚的二维晶体材料可以经济灵活地实现大规模生产。

2. 美国国防先期研究计划局光电异质集成项目取得突破

2014年9月17日,美国DARPA的"光电异质集成"项目成功在硅衬底上集成数十亿发光点,创造出高效硅基激光源。该突破由加利福尼亚大学圣芭芭拉分校取得。该成果有望促成性能和可靠性更高、成本更低的微系统芯片。

雷达、通信、成像和传感器等国防装备的性能取决于各种微系统芯片。用于不同领域的各种芯片需要专用衬底、基础材料和工艺技术,这对多种不同器件的集成造成障碍。过去集成不同器件需要分别研制不同芯片,然后再进行片间集成。与在单一芯片上实现微系统相比,这种方法在传输带宽和延迟时间方面都存在不足。

2011年启动的"光电异质集成"项目目标,是将芯片级光学微系统与高速电路在单块硅芯片上直接集成。尽管在硅衬底上可直接制造许多光学器件,但制造高效激光源仍然极端困难。传统实现激光源的方法需要首先在非硅衬底上制造激光源,随后再与硅芯片结合。这种方法对工艺精度和工艺时间都要求极高,导致成本提高。

加利福尼亚大学圣芭芭拉分校在《应用物理快报》上发表的论文指出,在硅衬底上直接"生长"和淀积铟砷材料连续层,形成数十亿"量子点"的发光点是可能的。这种在硅衬底上集成光路和电路的方法,是降低微系统芯片尺寸、重量、功率和封装/集成成本的关键。"光电异质集成"项目的成果表明:微系统将具有更强性能和更小尺寸,不仅在硅晶片上能集成激光源,也可以集成其他器件,这为开发多功能先进光集成电路铺平了道路。

加利福尼亚大学圣芭芭拉分校克服了在硅衬底上生长非硅激光材料常见的"晶格失配效应",验证了在硅衬底上生长出的激光器和在其他材料衬底上生长出的激光器性能相当。这一成果将成为光放大器、光调制器、光探测器等各种光器件发展的基础。

九、电源技术

2014年锂离子电池、太阳能电池和燃料电池作为分布式电能源,在陆、海、空、天军事装备中得到广泛应用。锂离子电池已经成为远程无线传感器、夜视系统、鱼雷、紧急定位器、军用计算机和GPS跟踪装置的供电设备,并将替换老化氢镍电池用于国际空间站。部署轻质铜铟镓硒薄膜太阳能电池的"沉默鹰"无人机成功完成首飞。化合物薄膜太阳能电池如铜铟硒、铜铟镓硒、碲化镉和CZTS型太阳能电池的转换效率在不断提高,其中铜铟硒薄膜太阳能电池转换效率达20.9%,刷新世界纪录。碲化镉薄膜电池已经量产,年产能达到42.76MW。氢燃料电池和不依赖空气的碳氢燃料电池已经用于无人机、无人水下航行器和陆地的电力电子设备。

(一)锂离子电池广泛用于远程传感器、国际空间站和鱼雷,长寿命、大容量高密度锂离子电池业已问世

2014年锂离子电池在军事领域得到广泛应用。美国推出系列长

寿命锂离子电池应用于远程无线传感器、夜视系统、紧急定位器、军用计算机和 GPS 跟踪装置的供电设备,锂离子电池将替换老化氢镍电池用于国际空间站。法国成功完成锂离子电池作动力的鱼雷试射。加拿大开发新一代碳纳米管作负极的锂离子电池,可使能量密度提高 5～8 倍。日本研发出负极用硅粉的长寿命大容量锂离子电池和能量密度增加 6 倍的新型锂离子电池。

1. 美国推出长寿命锂离子电池,用于传感器、夜视仪和 GPS 器件

2014 年 1 月,美国 Tadiran 电池公司推出 TLI 系列长寿命可充电锂离子电池,可在高耐受性的恶劣环境下使用。该电池适用于军事和航空航天领域,如远程无线传感器、夜视系统、紧急定位器、GPS 跟踪装置、便携式军用计算机,以及即使暴露在极端温度下还必须可靠运行的通信系统。

TLI 系列电池使用的技术来自 Tadiran 公司的专利产品——混合层电容器(HLC),它可存储高电流脉冲。HLC 技术已经通过数百万个电池现场验证,可提供超过 25 年的使用寿命。TLI 系列电池采用了 HLC 技术以便在极端环境条件下提供可靠且长期的优越性能。

2. 法国研发鱼雷用新型锂离子电池,可替代银氧化锌电池

2014 年 3 月,法国 DCNS 公司成功完成以锂离子电池作动力的鱼雷试射,运行过程中鱼雷速度超过 50kn,续航时间超过 1h。经过 DCNS 公司水中武器专家长达 10 年的研究、开发和测试,使这种新型鱼雷转向实用阶段。该锂离子电池能够为鱼雷提供高功率电力,并且还可以充电再使用。得益于锂离子电池技术,DCNS 公司的新型锂离子电池鱼雷不仅能够满足海军所要求的作战性能标准,而且可靠性和安全性也都满足装备潜艇的要求。这种新型鱼雷为海军反潜训练提供了一种合适的解决方案。可充电锂离子电池是在鱼雷中使用长达 50 年的银氧化锌电池的最佳替代。

3. 美国采用高比能量锂离子电池,替换国际空间站上的老化氢镍电池

2014 年 3 月 10 日,美国航空喷气·洛克达因公司宣布完成锂离子电池轨道替换单元(ORU)的关键设计评审,该 ORU 将为国际空间站(ISS)上的航天员开展重要实验研究持续提供电力。锂离子电池可提供更有效的电存储能力以替换目前使用的老化氢镍电池。经评审证明新的 ORU 满足设计、运转和性能要求。此后开始对具备质量鉴定条件的 ORU 进行集成和测试。

航空喷气·洛克达因公司将建造 31 个锂离子电池 ORU,包括 2 个工程产品、2 个质量鉴定产品和 27 个飞行产品。该公司的 24 个锂离子电池将替换现在国际空间站上的 48 个氢镍电池。锂离子电池质量只有氢镍电池质量的 50%,但电存储能力提高 1.5 倍。

4. 加拿大开发碳纳米管负极材料,以提高锂离子电池能量密度

2014 年 7 月 9 日,加拿大阿尔伯塔大学采用碳纳米管作负极研发出一种新型锂离子电池。与目前市场上的锂离子电池相比,新型电池充电速度更快,容量更大,使用寿命更长。

研究组尝试过多种不同材料,最终确定使用碳纳米管。采用诱导氟化工艺的新型储能技术,以碳纳米管为负极制造诱导氟化物电池。使用碳纳米管的优点是成本低廉且安全高效,用其制成新型电池的能量密度比目前市场上的锂离子电池高 5~8 倍。实验显示这种电池在性能上优于同时研发的另外两种电池:锂硫电池和锂空气电池。与它们相比,以碳纳米管作负极的电池技术更便于小型化,可以用作手机或可穿戴设备的电池。此外在充电速度和使用寿命上也更胜一筹。

目前在研制第一个碳纳米管负极电池原型,根据使用场合不同还将陆续开发三种版本的电池:具有高功率和较长使用周期的耐用型,在短时间内完成充电的快充型和具备超大容量与超长使用时间的大容量型。

5. 日本开发硅粉负极材料,增大锂离子电池寿命和比容量

2014 年 7 月,日本东北大学金属材料研究所开发出通孔型多孔硅粉末。实验表明,该材料作为活性物质制作锂离子电池时,比容量更大且循环寿命更长。将镁与硅合金熔融在铋金属液中,利用镁原子容易熔出而硅原子不易熔出的性质制作通孔型多孔硅粉末。

锂离子电池性能很大程度上依赖于电极材料。负极活性物质目前大多使用碳类材料，此类锂离子电池比容量已达到理论极限值370A·h/kg。要想将能量密度提到更高，必须开发具有稳定循环特性、比容量高的负极材料。在能与锂合金化并实现锂离子嵌入与脱出的元素中，硅理论比容量为4000A·h/kg，是碳材料10倍以上，因而硅是新一代负极材料最有力候选者。

但硅在嵌入后体积会膨胀约3~4倍，容易从电极剥落，因此使锂离子电池循环特性明显降低。研究表明伴随锂嵌入的硅损坏与尺寸有关，直径300nm以下的细丝及150nm以下的微粒不会损坏。研究人员开发出通孔型多孔硅粉末，以硅微粒为结构单位，使活性物质与电解质接触的表面积增大，并且为适应锂合金化的体积膨胀而加入适度空间。

日本东北大学金属材料研究所开发出使用金属熔融液的新型去合金化技术，在1000℃以下的高温金属液体内产生高速去合金化反应，制作出以往难以实现的多种贱金属通孔型纳米多孔质体。从放大后的扫描电镜图像和透射电镜图像看出，形成100~1000nm的微细硅粒结合在一起的多孔质结构。水银压入法的测试结果显示，平均气孔径约为400nm，气孔体积率约为60%，比表面积为7.6m^2/g。

6. 日本开发氧化锂正极材料，以提高锂离子电池能量密度

2014年7月，日本东京大学研究生院与日本触媒公司共同开发出新原理的锂离子电池，正极采用氧化锂（Li_2O）晶体添加钴（Co），通过氧化物离子与过氧化物离子的氧化还原反应，就会有过氧化物生成和消失，由此实现了新原理的电池系统。这种电池能量密度是使用Li-CoO_2正极和石墨负极的现行锂离子电池的7倍，还可增加容量降低价格、提高安全性。该电池有望用于纯电动汽车和固定蓄电用途。

通常锂离子电池正极使用的是锂钴氧化物（$LiCoO_2$），是容易产生锂离子嵌入/脱出的过渡金属氧化物。此次开发的电池在正极利用Li_2O与Li_2O_2之间的氧化还原反应，在负极利用金属锂的氧化还原反应，两电极活性物质的理论比容量为 897A·h/kg，电压为 2.87V，理论能量密度为 2570 W·h/kg。

（二）各种材料的太阳能电池转换效率继续攀升，薄膜太阳能电池部署无人机延长续航能力

太阳能是用之不竭的能源，充分利用太阳能可以解决今天面临的许多能源问题。2014 年太阳能电池取得显著进展的是：硅太阳能电池、铜铟硒薄膜太阳能电池、铜铟镓硒太阳能电池、有机太阳能电池、碲化镉薄膜电池和 CZTS 型太阳能电池。各种材料的太阳能电池光电转换效率继续攀升，其中铜铟硒薄膜太阳能电池转换效率达 20.9%，创世界记录。部署轻质铜铟镓硒薄膜太阳能电池模块的"沉默鹰"无人机完成首飞，飞行续航能力达 12h。美国建造产能为 42.76MW 的 2 个碲化镉薄膜太阳能发电厂。

1. 西班牙开发可吸收太阳红外辐射的硅太阳能电池

2014 年 3 月 25 日，西班牙瓦伦西亚政治大学、西班牙国家研究委员会（CSIC）、加泰罗尼亚理工大学（UPC）和塔拉戈纳洛维拉·依维尔基里大学共同开发出可将红外辐射转换为电能的硅太阳能电池。

目前硅太阳能电池转换效率较低，约 17%，成本相对较高（0.02 欧元/W），这些缺陷阻止了其大规模使用。大多数硅太阳能电池只吸收太阳光谱的可见光部分发电，红外区毫无用处。经过 3 年工作，研究团队开发出新概念硅太阳能电池，创新点是创建硅微米级区域，可以吸收红外光再转换成电力。此项发明是未来高性能太阳能电池发展的基础。

2. 日本研制出转换效率达 20.9%的铜铟硒薄膜太阳能电池

2014 年 4 月，日本 Solar Frontier 公司与新能源产业技术综合开发机构（NEDO）携手合作，在面积为 0.5cm² 铜铟硒电池上实现 20.9%的转换效率。经欧洲最大的面向应用研究机构——德国弗劳恩霍夫研究所核实，此数据刷新薄膜太阳能电池世界记录，超越 Solar Frontier 公司

先前不包含镉的19.7%的世界记录,并高于所有薄膜太阳能电池先前最好的20.8%的记录。最新效率记录是在日本神奈川县的厚木研究中心(ARC)完成的。

Solar Frontier公司的新记录,是采用溅射—硒化形成法在30cm×30cm衬底上切割出的铜铟硒电池的新成果,工厂采用相同生产方法确保能更快地将最新成果应用到大规模生产,并且证明了Solar Frontier公司专有的铜铟硒技术具有长期转换效率。Solar Frontier公司期待在此基础上的更高转换效率。

光电转换效率是比较太阳能电池模块性能的通用测量参数。安装后的实际性能取决于不同太阳能电池技术对周围的环境和气候的反应。该公司的铜铟硒电池模块已被证实在实际运行条件下可比晶体硅太阳能电池模块产生更多电量(kW·h/kg)。在日本高度自动化和精密制造业中,铜铟硒模块可为客户提供长期竞争力和可靠的投资回报。

3. 铜铟镓硒太阳能电池转换效率继续攀升,部署无人机延长续航能力

2014年5月,瑞典Midsummer公司宣布已将其无镉柔性薄膜铜铟镓硒(CIGS)太阳能电池的转换效率从15%提高到16.2%,全部太阳能电池孔径面积为156mm×156mm。太阳能电池由不含镉的不锈钢衬底制备,生产过程是一个干燥全真空工艺,所有层(包括缓冲层)均采用溅射沉积。首先制造出单独的太阳能电池,然后相连组成模块,就像晶体硅太阳能电池。采用这种方式,可以很容易地以任何尺寸和形状制成轻便柔性的模块。干燥全真空工艺对洁净室的要求不太苛刻。制造过程中不用镉是为生产人员健康着想,使制造CIGS太阳能电池的成本更低。

2014年5月26日,美国Ascent Solar技术公司和SFUAS公司联合宣布,"沉默鹰"无人机成功完成首飞,电源采用Ascent Solar公司轻量级、柔性铜铟镓硒(CIGS)薄膜太阳能电池模块。"沉默鹰"无人机由SFUAS公司、Ascent Solar公司和Bye航空公司联合开发,是一个集成专有技术并容易部署的战术无人机。小型无人机采用申请专利的单片集成、轻量级薄膜太阳能电池供电,并将太阳能电池模块集成到机翼以有效降低重量。质量为11.34kg的无人机具有6~12h飞行续航能力,可满足国防领域和国内外商业、公共安全应用需要。这次首飞标志着Ascent Solar公司、Bye航空公司和沉默鹰UAS技术公司的通力合作达到高潮。

4. 比利时研制出转换效率8.4%不含富勒烯的有机太阳能电池

2014年3月12日,比利时微电子中心(IMEC)研发出转换效率达8.4%、不含富勒烯的多层堆叠有机太阳能电池。该突破性进展是将有机太阳能电池融入薄膜太阳能电池市场更高层竞争阶段的重要一步。

有机太阳能电池因其灵活的衬底兼容性和可调吸收窗口,成为一项令人感兴趣的薄膜太阳能电池技术。尽管有机太阳能电池的转换效率已在过去10年得到快速增长,未来仍需要进一步提升效率以使有机太阳能电池易于实现产业制造。IMEC通过两大创新使有机太阳能电池转换效率达到8.4%。第一,使用不含富勒烯的受主材料,带来高开路电压和在可见光频率内的有效吸收光谱。第二,研发出带有互补吸收光谱和有效激子收集机制的三层有源半导体层,该多层器件结构可实现高开路电流。研究结果证实,多层堆叠结构是替代传统施主——富勒烯有机太阳能电池的一个有前景方案。

富勒烯具有接收稳定电子的能力和高电子迁移率特性,是目前有机太阳能电池单元的主要受主材料,但对太阳光谱的微吸收重叠限制了富勒烯受主材料中光子电流的产生,此外其深电子传导能力限制了开关电压。IMEC研制出两种不含富勒烯的材料作为受主材料,提高了现在以富勒烯做受主材料的有机太阳能电池的开路电压。该研究由欧盟第七框架计划提供资金支持。

5. 碲化镉薄膜太阳能电池转换效率创新高,并投入大规模生产

2014年2月,美国第一太阳能公司(First Solar)宣布,创造碲化镉电池光电转换效率实验室记录20.4%。3月19日,公司宣布已经将满负荷生产规模的碲化镉总面积模块样品的转换效率从 16.1%（于 2013年 4 月获得）提高至 17%，美国能源部国家可再生能源实验室的测试证实了此数据。这一成就证明了公司的研究成果能迅速、可靠地转移到模块的满负荷生产能力，由于强大、适应性强的制造工艺和碲化镉材料技术的包容特性，可以将碲化镉创新技术比其他技术更快更可靠地从实验室应用到生产线。第一太阳能公司从事碲化镉薄膜太阳能电池组件生产，并提供工程、采购和施工（EPC）服务。光电效率记录是一个信号，表明第一太阳能公司的碲化镉模块在空间受限项目和商业/工业生产设备应用中是一个更有吸引力的选择。

2014 年 5 月 6 日，美国第一太阳能公司与法国电力公司（EDF）可再生能源子公司签署工程、采购和施工（EPC）协议，将开发位于加利福尼亚州金斯县的 19.76MW AC CID 太阳能项目，以及金斯县和克恩县的 23MW AC Cottonwood 太阳能项目。太平洋气体和电力公司（PG&E）已经为 CID 太阳能项目签署了购电协议（PPA），马林清洁能源公司已为 Cottonwood 项目签署 PPA。

CID 和 Cottonwood 两个太阳能项目都将采用第一太阳能公司的系列 3 Black Plus PV 薄膜太阳能模块，并使用公司的太阳能电池发电厂控制装置提供增强电网可靠性和稳定性。两个项目从 2014 年第二季度开始施工，CID 太阳能项目在 2014 年 10 月完成，Cottonwood 项目在 2015 年第一季度完成。

6. 日本与 IBM 等联合开发出转换效率达 12.6% 的 CZTS 型太阳能电池

2013 年 12 月 12 日，日本 Solar Frontier 公司、东京应化工业公司和美国 IBM 公司合作，使面积为 0.42cm^2 的微型 CZTS 太阳能电池单元实现 12.6% 的全球最高转换效率。此前微型 CZTS 太阳能电池单元的最高转换效率是 2012 年 8 月公布的 11.1%。

Solar Frontier 公司通过改进 $Cu_2ZnSnS_xSe_{4-x}$（CZTSSe）光吸收层及光学结构等，提高了 CZTS 型太阳能电池的转换效率。开路电压为

513.4mV,短路电流密度为 35.2mA/cm², 填充因子为 69.8%。这些数据由美国 Newport 公司测量。

CZTS 型太阳能电池是由 Cu、Zn、Sn、S、Se 构成的薄膜化合物型太阳能电池。与 Solar Frontier 目前量产的 CIGS 型太阳能电池相比, 其特点是不含 In 及 Ga 等稀有金属。因此, 为了迎接大量采用太阳能电池的时代, Solar Frontier 一直在全力提高能够以低成本大量生产的 CZTS 型太阳能电池的转换效率。

(三)新型燃料电池向高容量、高可靠和环保方向进展,氢燃料电池装备航天器、无人水下航行器和地面电子设备

2014 年,新型燃料电池研究和军民两用继续深入发展。国外开发出多糖类燃料电池和棕榈油作燃料的燃料电池。美国开发下一代氢燃料电池和不依赖空气的碳氢燃料电池,以满足未来空间飞行任务、无人水下航行器以及陆地上的电子设备使用需求。美国海军从核潜艇上发射燃料电池作动力的折翼型无人机。新加坡研制出世界首款燃料电池作动力的长航时民用无人机,飞行时间超过 10h。

1. 美国开发人工合成酶催化剂,研制高容量糖类燃料电池

2014 年 1 月,美国弗吉尼亚理工大学宣布,开发出使用多糖类的燃料电池。这种电池的容量密度比锂离子电池高 10 倍以上,并且 3 年内可达到在手机和平板电脑上使用的水平。此次开发的电池利用由淀粉部分水解获得的麦芽糊精等多糖类和空气中的氧气来生成电力和水。使用人工合成的 13 种酶而非铂(Pt)作催化剂,通过对糖做氧化处理来提取电子。因为酶提取电子效率非常高导致容量密度高。具体来说,构成麦芽糊精的每个葡萄糖分子可提取 24 个电子,如图 12 所示。

目前糖类燃料电池的输出功率密度为 0.8mW/cm², 电流密度为 6mA/cm²。使用浓度为 15% 的麦芽糊精时容量密度为 596A·h/kg, 能量密度为 298W·h/kg。这些数值比锂离子电池的 42A·h/kg、150W·h/kg 高

得多。但这种电池的输出电压为0.5V,低于锂离子电池的3.6V。糖类燃料电池虽然容量密度和能量密度高,但因酶的作用速度慢,没有爆炸起火的危险,这点与使用氢气及甲醇的普通燃料电池不同。

图12 开发出糖类燃料电池的弗吉尼亚理工大学研究人员(手中是燃料电池样品)

2. 采用棕榈油生物质作燃料,研发无污染燃料电池

2014年8月,马来西亚玛拉科技大学开发一种新气化技术,可去除废弃生物质杂质同时产生清洁气体。这种气体可以用作燃料电池的燃料。现行气化工艺过程产生的气体中杂质浓度非常高,如焦油、粉尘和酸性气体,使它很难被广泛应用。这种新气化技术可以同时去除杂质并生产清洁的气体用于发电。利用的废弃生物质是棕榈油。这种技术可应用在产生大量棕榈油的马来西亚和其他国家,用于可再生能源的生产。

3. 美国开发空间用高可靠燃料电池技术

2014年1月17日,美国NASA寻找工业合作伙伴,以快速开发下一代氢燃料电池和不依赖空气的碳氢燃料电池并使其商业化,满足未来空间飞行任务和陆地上电力电子设备使用需求。通过氧气或其他氧化剂的化学反应,燃料电池把燃料中的化学能转换为电能。最常用的燃料是氢气,有时也使用碳氢化合物如天然气和酒精,如图13所示。

图 13　采用燃料电池供电的飞行器

燃料电池是航天飞机和人造卫星的主要电能源。除了用于航天器,增强燃料电池技术还可加强无人水下航行器(UUV)的运载能力。这些 UUV 必须独立于水面电能源。NASA 特别感兴趣的是将先进燃料电池用于未来航天器电源,并向 3 个方向推动此技术:高可靠性、高温散热能力、有效使用重整碳氢化合物燃料。对于第一个要求,潜在解决方案包括任何化学燃料电池,在物质平衡反应物管理中没有活性成分。对于其他两个要求,固体氧化物燃料电池的可能解决方案是,运行在 800℃ 以上,散热器的质量最小,可以用一氧化碳和氢气作为燃料。美国宇航局的合作伙伴对燃料电池项目拥有知识产权。约翰逊航天中心已经与美国海军共同合作,执行测试程序,并了解潜在燃料电池解决方案的系统集成问题。

4. 美国海军从核潜艇上发射燃料电池动力折翼型无人机

2013 年 12 月 5 日,美国 NRL 研制的 XFC 无人机从美国海军"洛杉矶"级"普罗维登斯"号核潜艇上成功发射,其后又执行了数小时的飞行任务,并向"普罗维登斯"号潜艇、水面保障船和诺福克基地回传了由其拍摄的实时视频画面。XFC 潜射和自主飞行包括 5 个步骤:一是将无人机装入"鲂鮄"(Sea Robin)运载器;二是将运载器装入"战斧"式巡航导弹发射筒;三是将导弹发射筒放入潜艇鱼雷发射管,由导弹发射筒将运载器发射到水面待命;四是收到潜艇指令后,运载器将无人机垂直发射到空中;五是无人机在升空过程中,展开折翼,并自行飞行。一旦运载器出现故障,不能在水面完成无人机发射,可利用电动辅助起飞系统,将无人机抛出运载器。

XFC为燃料电池作动力的折翼型无人机,由美国海军研究署和国防部快速响应技术办公室投资研发,从概念设计到艇上试射耗时不到6年。2009年8月6日,NRL完成XFC的首次飞行试验,在30~52kn速度下该机能自行展开折翼,可连续飞行6h以上。XFC可搭载光电/红外有效载荷,可执行ISR任务。潜射远程布放无人机的成功发射,为潜艇提供了一种全新的情报、监视和侦察能力方式。

5. 新加坡研制超轻燃料电池,提升民用无人机巡航能力

2014年2月,新加坡地平线能源系统公司生产一型超轻燃料电池系统,应用于民用无人机并创造飞行时间新记录:连续飞行10h以上。作为新加坡和以色列合作的一部分,这个项目主要研究首款民用氢燃料电池长航时无人机,以降低使用方运营成本,如图14所示。

图14　民用无人机用燃料电池

第一款燃料电池民用无人机命名为"徘徊者"B,由以色列蓝鸟公司制造。该公司是世界领先的小型无人机系统制造商。地平线能源系统公司设计了最先进的燃料电池和创新的氢气存储系统,经过数年研究,超轻燃料电池系统在无人机领域找到应用市场,可部署在质量为5~60kg的小型无人机上。与其他电池相比较,燃料电池更轻,这意味着巡航时间更长。

十、电子元件与机电组件技术

2014年,电子元件与机电组件技术领域的发展主要体现在电容器、耦合器、电感等方面,电容在工作温度、容量范围上有了较大提升,成本、尺寸也在不断下降。新研制的可调射频电感为可调射频电路设计带来革命性变化。

(一)电子元件和机电组件的导电性、尺寸和功耗不断得以改进

作为军事装备和系统最重要的基础元件之一,电子电容器、定向耦合器和可调电感等电子元件和机电组件在2014年取得多项进展,在导电性、尺寸和功耗等领域得到改进。

1. 美国AVX公司推出宇航和军用加固型电容器,改进器件性能和体积

2014年2月,美国AVX公司推出宇航级贱金属电极(BME)、X7R电介质多层陶瓷电容器(MLCC),适用于有人和无人飞行器,以及轨道卫星。MLCC同样适用于高性能航空和军事应用。

AVX公司官员表示,这些功率电子器件展现出和那些贵金属电极(PME)MLCC同样的电容电压(CV)特性,并以更小的体积提供更高的电容值,可减小电路板空间和器件总重量。BME MLCC采取表贴封装,管腿镀锡,可承受超过标准管腿2倍的电路板弯曲机械应力。

该电容器符合欧空局(ESA)欧洲优选器件列表(EPPL Ⅱ)质量要求,符合欧洲宇航元器件协调委员会(ESCC)的3009标准。AVX的宇航级BME MLCC工作电压16~100V,电容2.2~8.2nF,具有0603 - 1812的多种尺寸。

AVX公司的宇航级BME MLCC有3种电容阈值(±5%、±10%和±20%),3种ESCC批次接收测试(LAT)标准。

2. 美国 KRYTAR 公司推出定向耦合器,用于电子战、雷达、卫星通信和天线波束形成

2014年2月,美国 KRYTAR 公司推出型号为181230的射频和微波定向耦合器,可用于电子战、雷达、卫星通信、信号检测和测量、天线波束形成、商用无线电和 EMC 测试。

紧凑型封装的定向耦合器的工作频率范围为12.4~18.0GHz,额定耦合值为30dB,用于需要外部电平调整、精确检测、信号混频、扫描传输和反射测量等领域。181230模块提供30dB(加或减1.0dB)的标准耦合(相对于输出)以及加或减0.7dB的频率灵敏度,方向性超过15dB。该耦合器在整个频率(包括耦合功率)范围内的插入损耗小于0.6dB。在任意端口处的最大电压驻波比(VSWR)为1.35,输入功率平均值为20W,峰值功率为3kW,工作温度范围-54~85℃。定向耦合连接器3.5cm×1cm×1.6cm。与标准 SMA 母头连接的耦合器重1盎司(约28.35g),除与3.5mm、2.92mm、2.4mm 连接器连接外,还可选择 SMA 公头连接。

3. 美国半导体研究联盟和东北大学推出新型电压可调射频电感,推动在国防领域应用

2013年11月,美国半导体研究联盟(SRC)和东北大学在第58届年度磁学与磁性材料(MMM)会议上展示了新研制的电压可调射频电感,并希望能增加半导体和国防工业应用。新的电感弥补了可调电路(也称为 L-C 谐振电路)中缺失的一环。

在智能手机和其他移动设备中最先进的射频电路依赖 LC-谐振电路中射频变容二极管(可像压控电容工作的半导体二极管)的可调谐能力,实现频率调谐。新型紧凑和高能效电压可调射频电感增加了新的维度,使用微机电系统(MEMS)的加工磁/压电薄膜沉积的工艺,可制造出电压可调电感。由这些电压可调射频电感构成的新的射频调谐电路可显著拓宽调谐范围,并可减少电路模块,为可调射频电路设计带来革命性变化,从而可生产更高质量、更低功耗和更小尺寸的智能手机。

（二）采用新材料的超级电容器在储能领域具有良好的应用前景

超级电容器是大功率能量存储设备，因其充放电迅速，可以适应较宽温度范围内的工作，循环寿命长，同时是真正的免维护电源，因此可作为潜艇和舰船等设备的主辅电源，坦克、装甲车的超低温启动电源，航天器、雷达的动力电源，野战医院医疗器械的主辅电源，单兵小型电台的主辅电源等。2014年，超级电容器在性能、成本和材料领域具有多项重要进展。

1. 美国乔治华盛顿大学开发出新型高性能、低成本超级电容器

2014年5月，乔治华盛顿大学微推进与纳米实验室通过将石墨烯和碳纳米管两种碳结构材料结合，研制出一种新型高性能、低成本超级电容器。这种超级电容器利用石墨烯片与单层碳纳米管两种碳纳米结构性能的互补性，具有更强的储能性能，即可储存大量能量，并以极高功率快速释放能量，兼具高能密度与高功率密度的优点，可以实现手持电子设备、音频系统等装置性能的大幅提升。同时，这种石墨烯与碳纳米管混合结构提供的高比电容成本较低，具备小型化和轻量化的优点，将推动此类电子元件的进一步发展。

2. 美国研发人员用改性的纤维素材料制造超级电容器

2014年4月，美国俄勒冈州立大学的研究人员宣称，其首次证明纤维素可以与氨反应，从而制备氮掺杂的纳米多孔碳膜——超级电容器的电极。超级电容器在军事领域具有广泛应用，其使用一直受限于高质量碳电极的制备困难和高成本。据悉，此种方法可以降低电极制备成本，制备速度较快且环保，唯一的副产品是甲烷，可以用作燃料或其他用途。

此举将为研究碳反应过程中的气体排放开创一个全新的科学领域。除了超级电容器，纳米多孔碳材料也可以应用在吸附气体污染物、环境过滤器、水处理等方面。

3. 麻省理工学院利用"石墨烯纸"开发出超级电容器

2014年10月,在美国海军研究办公室和国家科学基金会支持下,麻省理工学院研究人员采用揉皱的石墨烯纸创建出可伸缩超级电容器。这种电容器主要用于柔性电子设备中,如可穿戴或可植入的生物医学传感器或监控设备,这些设备通常需要柔性的能量储存系统。

该研究团队证明,将石墨烯纸揉皱成一团,可以制备易于弯曲、折叠或拉伸到其原始大小8倍的超级电容器,并采用此方法制造出一个简单的超级电容器。经证实,该材料可以揉皱,平复1000次,且性能不发生明显降低。这种将石墨烯起皱的技术不仅可用于制造超级电容器,也可以有其他应用。例如,起皱石墨烯材料可以用于制作柔性电池的电极,或者为特定的化学或生物分子制造可伸缩传感器。

十一、电子材料技术

2014年,电子材料技术领域取得多项研究进展,未来发展方向进一步明晰。美国、欧洲等国家和地区为延续摩尔定律,大力推进电子材料技术领域发展。在氮化镓和碳化硅等宽禁带半导体材料方面的研究日渐成熟,多种新材料的问世,开辟了电子材料新领域,成为"后摩尔时代"的发展方向。

(一)利用锗硅材料作为沟道的工艺取得进展

为进一步提高CMOS器件应变能力,增强沟道调制力,提高沟道电子迁移率,美国IBM公司和比利时微电子中心对锗硅材料工艺开展研究,取得重要进展,提升了CMOS器件性能。

比利时微电子研究中心验证高应变沟道材料,为7nm后CMOS器件发展铺平道路。2013年12月,在由国际电气与电子工程师协会举办的国际电子元器件会议(IEDM)上,比利时微电子研究中心宣布,该中心研制出首个具有实用性的应变锗量子阱沟道 P 型金属氧化物半导体（MOS）鳍式场效应晶体管，可在 300mm 硅晶圆上用鳍替代工艺实现。该器件的研制成功表明，鳍式场效应晶体管和三栅结构具备应用于 7nm 和 5nm CMOS 器件的可能性。

自 CMOS 器件发展到 90nm 技术以来，在器件中嵌入锗硅源极和漏极已经是一种产生应变硅增强 P 型 MOS 器件的普遍方法。器件尺寸的减少，使源极和漏极中实现应变的空间极为有限。采用薄型结构的鳍式场效应晶体管已经难以进一步微细化。将高应变材料直接应用于沟道将是 CMOS 器件继续微细化的可行途径。

比利时微电子研究中心在弛豫的锗硅缓冲层上生长出高应变锗沟道，已经证明了这种方法能够提高沟道电子迁移率，具有良好的按比例缩小沟道尺寸潜力。采用鳍式替代工艺制造应变锗沟道器件，对于在常规硅衬底上实现与其他器件的集成非常有用。建立在锗硅沟道缓冲层上的应变锗 P 沟道鳍式场效应晶体管的跨导峰值，在 0.5V 源漏电压下为 1.3ms/μm，具有低至 60nm 栅长的良好短沟道控制能力。该器件亚阈值斜率跨导高于已宣布的弛豫锗鳍式场效应晶体管。

未来的发展重点是：在锗硅中实施 P 型掺杂以改善器件性能，优化锗上硅钝化层厚度，改善沟道栅缠绕效应。该项研究验证了采用鳍式场效应晶体管结构的锗—锗硅异构量子阱器件，不仅能提供应变能力，而且能增强沟道控制力。

采用鳍替代工艺实现了将 III–V 族材料应用于 CMOS 器件结构中。这一研究成果使此次将锗通过鳍替代工艺构成 CMOS 器件的沟道成为可能。这是实现单片异质集成，发展 CMOS 器件和片上系统的关键技术。

比利时微电子研究中心的下一代鳍式场效应晶体管研究是其核心 CMOS 项目的一部分。在该项目中，比利时微电子研究中心将同英特尔公司、三星公司、台积电公司、格罗方德公司、美光公司、海力士公司、东芝/闪迪公司、松下公司、索尼公司、高通公司、阿尔特拉公司、富士公司、英伟达公司以及赛灵思公司等开展合作。

（二）氮化镓材料成为各国的研究重点

氮化镓材料对离子辐射效应具有强抵抗能力,离子辐射效应可降低空间中电子器件的性能和缩减运行寿命,是提升空间用电子器件性能的重要材料。氮化镓器件可提供更高的功率密度和效率,实现电子有效载荷的小型化,从而减小空间用电子系统的体积和质量。与目前基于砷化镓氮化镓的空间用电子器件相比,氮化镓可使这些器件工作于更高的频率和功率,对远距离空间通信至关重要,对射频通信用晶体管、直流—直流功率转换器和太阳能电池的发展具有重要推动作用。

1. 波兰 AMMONO 公司推出 P 型氮化镓衬底,推动晶体管发展

2014 年 8 月,波兰 AMMONO 公司宣布推出新型 P 型大尺寸 AMMONO – 氮化镓衬底产品。该产品有助于提升器件可靠性,能够满足空间领域应用高性能的要求,开启设计全新一代空间用电子器件的第一步,有望为激光二极管、发光二极管、高功率晶体管和高频晶体管带来性能提升。

通常情况下,专用施主掺杂可通过提供电子作为多数载流子(N型)来提高氮化镓的导电性。氮化镓进行成功和有效的 P 型掺杂是一项困难的技术任务,因为其典型受体具有高活化能。目前,只有薄层 P 型氮化镓衬底可以采用外延法或离子注入法来获得。

AMMONO 公司通过氨热法工艺,在衬底生长构成中进行受主掺杂,从而产生一个较大的空穴浓度和 P 型导电性能,且并不会产生结构缺陷。在 $5 \times 10^4 cm^2$ 尺寸下,P 型 AMMONO – GaN 衬底的位错密度与 N 型的保持一致。该材料的载流子(空穴)浓度为 $10^{16}/cm^3$,电阻率为 $10 \sim 100\Omega/cm$。

2. 美国海军研究实验室研制出大面积石墨烯基氮化镓,促进新型电子器件发展

2014 年 9 月,NRL 首次实现了高质量氮化镓在石墨烯上的大面积合成。据 NRL 负责此项目人员表示,这是传统半导体材料首次在石墨烯这种"惰性"二维材料上的外延生长。通常情况下,惰性二维材料没有平面外的结合点来进行材料的外延生长。该实验室使用了一种温和但对温度敏感的外延生长工艺来克服这个局限。该项工艺可将新二维材料和传统半导体通过高质量界面进行结合,为新型电子器件的发展带来多种可能性。

NRL开展此项目旨在实现可工作于太赫兹频段的晶体管,以满足包括通信和传感在内的多种射频应用。未来,该研究团队将继续研发二维材料和低温外延生长工艺(原子层外延),为电子和光电子应用探索更先进器件结构。

3. 日本实验室研制出新型氮化镓衬底

2014年8月,日本福田晶体实验室研制出一种直径5.08cm的钪铝镁氧化物晶体(SCAM)样品,用于替代氮化镓发光二极管和激光二极管中的蓝宝石衬底材料,以降低晶体缺陷,生长出更好的氮化镓半导体材料。这种新型衬底材料将使氮化镓发光二极管更亮。

在原型晶体上堆叠氮化镓半导体材料的发光二极管结构,由日本东北大学提出,这种晶体实际上有助于改善氮化镓材料的晶体结构。SCAM材料和氮化镓材料之间的晶格失配只有1.8%,SCAM的位错缺陷也更低。尽管SCAM晶体难于制造,福田晶体实验室采用直拉法制造出5.08cm(2in)的高质量SCAM晶体。通过调整直拉炉的结构和晶体生长条件,提高了SCAM晶体的质量。劈开SCAM晶体原型,用X射线衍射对截面进行检验,半峰全宽(FWHM)散射为12.9s,质量可以媲美完美的硅晶体。

福田晶体实验室制造晶圆采用的是简单地劈开SCAM晶体的方法,并没有切割和抛光,这种方法可以降低晶圆的制造成本。在1040℃温度下采用金属—有机化学气相淀积方法,氮化镓薄膜就会在劈开的SCAM晶体表面生长,低位错SCAM晶体表面就会生长出镜像的氮化镓材料。福田晶体实验室计划提高SCAM晶体的直径并使制造工艺商业化,2015年春季将推出5.08cm(2in)直径的SCAM衬底。

(三)石墨烯材料进入快速发展期

石墨烯材料因其电子迁移率和热导率高、透明度好等优点,在电子技术领域具有良好的应用前景,受到美、欧和亚太等国家和地区的重视,通过在石墨烯材料、工艺和方法等领域开展研究,可加速高频器件制造,推动石墨烯材料和工艺的工业应用。

1. 美、英联合开展铜覆石墨烯研究,显著提升热传导能力

铜是现代计算机芯片中用于半导体互连的重要材料,随着晶体管尺寸和互连结构的等比例缩小,以及计算机芯片上晶体管数量的增加对铜互连的性能带来巨大压力,到了几乎没有改进性能空间的地步。因此,对可提供更好电气和热传导能力的混合互连结构提出强烈需求。2014年3月,美国和英国的联合研究人员利用在铜膜两侧各增加一层石墨烯的方法,将铜的热传导性能提升24%。该团队发现,通过检查增加石墨烯前后铜的晶粒尺寸,石墨烯的化学气相淀积为铜膜带来了高温激励晶粒尺寸的增长,覆有石墨烯的铜中晶粒尺寸越大,热导性能越好。

此外,研究人员还发现,铜膜越薄,通过增加石墨烯层改进热传导性能越明显。此项目由国家科学基金会和STARnet功能加速纳米材料工程(FAME)中心提供支持,其研究成果将有助于进一步减小电子器件的体积。

2. 三星公司制造出晶圆级石墨烯,有望解决石墨烯大面积生产问题

石墨烯是原子呈蜂巢状排列的碳的同素异形体,其电气迁移率大约是硅基结构的40多倍,被认为在高性能晶体管和显示器中发挥重要作用。但石墨稀的单层特性使其在集成电路制造过程中容易受到损害,石墨烯通常只能制造出小片,限制了其商业应用的可能性。2014年4月,在韩国科学、信息通信技术和未来规划部资金支持下,韩国三星先进技术研究所(SAIT)和成均馆大学共同宣布,研制出在硅晶圆上合成单晶单层石墨烯的工艺。

此项工艺在硅晶圆上的氢端锗缓冲层上生长无皱单晶单层石墨烯,锗(110)表层的各向异性双重对称特性允许单向排列多个种子,这些种子可长成预定义方向的整齐单层石墨烯。同时,石墨烯和底层氢端锗表面间的弱连接性使得在石墨烯制造过程中容易进行石墨烯无刻蚀干转移,衬底还可使用。

3. 英国研发出石墨烯新结构,推动新一代高频器件制造

2014年9月,英国曼彻斯特大学研究人员发现,通过将二维材料进行堆叠组合,产生出的含有白色石墨烯的"三明治结构"有望用于制造高频电子器件。参与此项研究的合作伙伴包括英国兰开斯特和诺丁汉大学,以及俄罗斯、韩国和日本的科研人员。

曼彻斯特大学和其他研究人员此前已证实,通过将二维材料进行异质结构堆叠可带来足以满足工业需求的材料。目前,研究人员首次演示了异质结构的电子行为可通过精确控制堆叠中结晶层的方向来发生巨大改变。研究人员将由白色石墨烯隔离的两层石墨烯电极进行对齐,发现其中电子能量和动能守恒。该发现可为电子或光电传感器等超高频率器件的发展铺平道路。

4. 英国建立新的石墨烯研究中心,加强石墨烯制造技术应用研究

2014年6月,英国萨里大学在其先进技术研究所(ATI)建立了新的石墨烯中心,拓展石墨烯在电动汽车、超级电容器、太阳能电池、有机发光二极管和印刷晶体管等领域的使用和制造技术的研究,例如高频电子器件、灵巧和透明电子器件、用于辐射和阻挡的智能涂层、能量产生和存储、电气连接技术、天线和校准标准等。

该中心的核心技术是光子热分解技术,可在晶圆级衬底上生产出大规模电子级石墨烯。依托该技术的新工具可同时进行电子级石墨烯的制造、催化剂分解和石墨烯生产,不再需要在不同设备间转移样品。由于样品是保存在真空环境中,因此生产出的材料具有更高质量等级。而且,该工艺可用于工业环境中的批量生产。

5. 新加坡国立大学开发出生长高质量石墨烯的新方法，加速其工业应用步伐

2013年12月，新加坡国立大学（NUS）理学院化学系研究团队成功开发出一种新兴一步法，在硅和其他硬衬底上生长和转移高品质石墨烯，此举标志着石墨烯向工业应用迈进了一大步。

这一突破，是首次公开的在同一硅片上实现石墨烯生长和转移两个步骤的技术。该技术使石墨烯在光子学和电子器件上的应用成为可能，如光电调制器、晶体管、芯片上生物传感器和隧道结等器件。为了克服当前的技术差距，研究团队从甲虫和树蛙如何保持它们的脚爪贴着完全被水浸没的叶面上得出灵感，并开发了"面到面转移"新工艺。

新工艺在硅衬底铜催化剂涂层上生长石墨烯，生长之后，将铜蚀刻掉，石墨烯通过形成毛细管桥的气泡附着在硅基底，类似于甲虫和树蛙的脚附着于浸没式叶片上。毛细管桥有助于将石墨烯保持在硅表面上，并防止铜催化剂蚀刻过程中石墨烯分层。石墨烯最后附着到硅晶片上。

为了便于毛细管桥的形成，研究人员实施一个预处理步骤，即把气体喷射入硅晶片。这有助于修饰界面特性，并在催化剂去除液体的渗透过程中促进毛细管桥的形成。同时添加的表面活性剂有助于消除转移过程中可能产生的任何褶皱和折痕。

（四）碳化硅材料推动器件向高性能、低成本发展

碳化硅器件可以使功率电子装备的体积更小、重量更轻、性能更强，有望推动各种军用车辆、无人机向全电化方向发展，在军事领域具有极其重要的意义。全球碳化硅需求的持续增加，带动了下一代碳化硅材料和工艺的不断改进，推动器件向高性能、低成本方向发展。

通用电气公司领导开展下一代碳化硅材料和工艺的研发，推动高性能、低成本器件发展。2014年7月，美国通用电气公司以合资企业的

形式联合并领导纽约州100多个私营企业组成"纽约功率电子制造联盟"(NY-PEMC),共同开发下一代碳化硅(SiC)材料和工艺,该联盟未来5年总投资将超过5亿美元。

该合资企业由位于奥尔巴尼市新成立的纽约大学(SUNY)纳米科学与工程学院(CNSE)和纽约大学技术研究所(SUNYIT)负责管理。通用电气公司负责领导位于CNSE纳米技术研究中心的工艺研发,以研制和生产低成本、高性能20cm碳化硅晶圆。

所有参与NY-PEMC联盟的公司均可共享由通用电气公司提供的先进20cm碳化硅工具和基准工艺流程,然后在此基础上进行改进和提升,为批量生产具有成本效益的碳化硅做准备。在纽约州附近的大学研究人员也将加入到该项目中。该联盟的初衷是,以纽约州纳米技术生产设备来吸引研究人员和私营公司,从而创建纽约州的高科技集群。

此次合作得到"启动纽约"(START-UP NY)免税措施的支持。纽约州为此联盟提供了1.35亿美元来建立NY-PEMC设施,同时将吸引3.65亿美元私人资金,以及有关人员、设备和工艺流程、工具安装、设备设施和材料方面的专业知识。

(五)二维电子器件材料等新型材料开辟了电子材料的新领域

2014年,美、欧等国家和地区对多种新型材料开展研究,如MX_2二维半导体材料、二硫化钼材料,开辟了电子材料新领域,提升了电子器件、光电器件和能量转换系统性能,并探索这些新型材料在光电领域的应用潜力。

1. 美国家科学基金会开展二维电子器件材料研究,推动其在电子器件领域的应用

随着人们对石墨烯研究的不断深入,将二维材料,如二硫化钼的单分子膜、六方氮化硼、二硒化钨、氟代石墨烯、云母和硅烯分层为由弱范德华力结合的新型异质结构的潜力不断受到关注。2014年8月,在美国国家科学基金会(NSF)"二维原子层研究和工程"(2-DARE)项目支持下,加利福尼亚大学开展新型超薄膜材料的研究,旨在提升电子器件、光电器件和能量转换系统性能。研究范围包括对材料定性、制造和纳米器件的实验测试,对这些新材料和器件特性进行理论分析和计算机仿真,基于这些二维材料和原子异质结构设计电路和系统,合成这些新材料的化学方法。

该项目将研究这些材料和异质结构中的全新电学、光学和热现象,希望能够研发出新的材料合成技术,以使这些超薄膜材料能够实际应用到电子开关、光电探测器、低功耗信息处理和直接能量转换等器件中。

2. MX_2二维半导体材料首次实现超快电荷转移,有望在光电领域获得应用

近年来,二维半导体 MX_2 材料成为继石墨烯之后高科技领域新的研发热点。M一般是过渡族金属元素,X一般是硫族元素。MX_2 由单层的过渡金属原子,如钼(Mo)或钨(W)夹在两层硫族元素原子,如硫(S)之间。由此产生的异质结构必然具有相对较弱的分子间吸引力。这些二维半导体具有与石墨烯相同的六角"蜂窝"结构和超高速电导率,不同于石墨烯的是,它们具有天然的能带,这有助于其在晶体管和其他电子设备中的应用。

2014年8月,美国能源部劳伦斯伯克利国家实验室报告了在光子激励的 MX_2 材料中首次实验观察到超快电荷转移。定量的瞬态吸收测量结果表明,MX_2 材料异质结构的电荷转移时间在50fs以下,与有机光电材料的最快时间记录相当。MX_2 具有卓越的电学和光学性能,且其大面积合成技术快速发展,有望在未来获得光子和光电应用。

3. 英国研制出大面积二硫化钼材料,扩展了纳米电子和光电子应用前景

2014年9月,英国南安普敦大学光电研究中心开发出一种制造大面积二硫化钼薄片的新方法。这种新式薄型金属/硫化物材料名为过渡金属硫化合物(TMDC),是一种可与石墨烯相媲美的新材料。与石墨烯不同,TMDC 材料还能发光,可推动光探测器和发光器件等的制造。

目前,制造二硫化钼等 TMDC 材料还很困难,大多数技术都只能生产出小片材料,一般仅有几百平方微米。南安普敦大学光电研究中心从 2001 年就开始采用化学气相淀积工艺合成硫化材料,目前已经实现了制造 1000mm^2 以上、只有一个原子厚度的大面积超薄薄片材料。实现这一成果,极大增强了纳米电子和光电子应用的前景。未来,该中心还将与英国几家公司、美国麻省理工学院和新加坡南洋理工大学开展合作,推动新材料的应用。

十二、微机电系统技术

(一)各项基础研究不断加强,推动 MEMS 器件技术快速发展

2014 年,美国、日本、法国和意大利等发达国家在压电式微机电技术领域取得多项进展,如开发出性能优越的三轴磁传感器,薄膜压电式微机电技术进入商业化,进一步推动微机电系统的小型化、高性能和低成本化发展。

1. 美国 MEMSIC 公司推出全球最高性能三轴磁传感器

2014 年 6 月,美国 MEMSIC 公司宣布推出三轴磁传感器产品。该完全集成器件实现了超越竞争器件的性能上的大幅提高,特别是在温度、时间稳定性、对外部磁场干扰的不敏感性等指标领域。尤其是温度漂移偏移量 <1.5mGs(1Gs 约 10^{-4}T),比同类器件性能高 100 倍。此外,该器件可以经受强度达 100Gs 的磁干扰而无需再校准。同时,该器件具有较低的功耗。该传感器采用行业标准的 1.6mm × 1.6mm × 0.5mm 封装,运行时采用 1.8V 单电源或 1.8V/3V 双电源供电,使其成

为移动应用中电子指南针的理想选择,可用于手机和平板电脑、步行导航、游戏控制、手表、汽车 GPS 导航和其他磁场测量应用。

2. 日本罗姆公司启动 MEMS 器件代工业务

2014 年 8 月,日本罗姆公司宣布,开始开展使用薄膜压电元件的 MEMS 器件代工业务,将承揽从晶圆投入到封装的整个工序。压电元件具有向元件施加压力后产生电压的性质。这种元件被广泛嵌入喷墨打印头、红外线摄像头及相机自动对焦装置等多种电子产品。而 MEMS 技术则广泛用于加速度传感器及陀螺仪传感器等。通过在 MEMS 技术基础上组合使用薄膜压电元件,可使进行处理的控制器小型化,从而实现电子产品的小型化、高功能化及低成本化。

罗姆公司已展开满足客户要求的压电 MEMS 器件的共同开发。压电 MEMS 器件的用途方面,设想用于加速度传感器、陀螺仪传感器、压力传感器、红外线传感器、红外线摄像头、传声器、扬声器、环境发电元件、喷墨打印头及相机自动对焦装置等。该 MEMS 器件的生产线计划 2014 年度内建立月产 200 万个的量产体制。

3. 意法半导体实现薄膜压电式微机电技术的商业化

2014 年 11 月,意法半导体公司宣布,其薄膜压电式 MEMS 技术已进入商用阶段。这项技术是一种可简单定制、立刻使用的平台,用户可利用该平台开发各种 MEMS 应用产品。

英国 poLight 公司是第一批采用意法半导体的薄膜压电式(TFP)技术的企业,其新可调镜头通过压电执行器改变聚合膜的形状,模拟人眼的对焦功能。这项应用被视为相机自动对焦的最佳解决方案。而目前的自动对焦功能还主要依赖于体积巨大、耗电量高且成本昂贵的音圈电机提供动力。

利用该技术的镜头可瞬间完成对焦,调焦速度是传统解决方案的 10 倍,而电池耗电量只有传统方案的 1/20。同时,拍照后相机自动重新对焦的功能也有相当的进步,可为摄像任务提供连续稳定的自动对焦服务。

意法半导体的最新薄膜压电式 MEMS 技术平台试制生产线的部分资金来自欧洲 Lab4MEMS 项目。此项技术将为执行器创造更多具有发展潜力的应用,商用、工业和 3D 喷墨打印机的打印头,甚至可以用于开发能源收集领域使用的压电传感器。

(二) MEMS 器件持续发展,加快其在惯性导航领域的应用

2014 年,美、欧国家和地区继续推进 MEMS 器件技术的发展,新型 MEMS 器件不断涌现,并在稳定性、可靠性和功耗等方面取得进步,加快了其在惯性导航领域的应用步伐。

1. 美国诺·格公司将进一步研制微型惯性导航系统

在 DAPRA 的"芯片级组合式原子导航"(C–SCAN)项目支持下,诺·格公司将为美国国防部研制微型惯性导航系统。

C–SCAN 项目旨在将微机电系统与原子惯性导航技术相结合,集成至单一惯性测量单元,系统性能长期稳定,启动时间短。该集成导航系统将采用不同的惯性传感器,这些传感器在物理特性上相互补充,可在 GPS 拒止的环境下提供可靠的导航。

诺·格公司将研制一套微型惯性测量单元,并采用声波 MEMS 陀螺仪,核磁共振(NMR)陀螺仪技术。相关工作包括进一步发展完善 NMR 陀螺仪技术,并降低组件的尺寸,开发新型高精度光学加速度计等。该系统将降低对 GPS 和其他外部信号的依赖,确保作战士兵与设备的导航制导不受影响。

2. 德国博世推出目前业界最小的三轴 MEMS 加速度计

2014 年 5 月,德国博世传感器公司推出了目前全球最小的三轴 MEMS 加速度计 BMA355 产品,该产品尺寸为 1.2mm × 1.5mm × 0.8 mm,达到晶圆级芯片封装标准。该加速度计可用于空间极度受限的产品中。该加速度计应用领域包括健康跟踪器、手腕步行计数器、生活方式装置和贵重物品监测。

此次推出的博世 BMA355 加速度计产品,其在工作时的满负荷运

行电流消耗仅130μA,非常适合于可穿戴装置。低功率模式运行时电流消耗仅为1/10,是全天候运行的理想装置。

该加速度计的一个强大功能是增强智能中断引擎。其可识别多种运动检测状态,通过两个可配置的中断引脚向主机系统发送信号。博世 BMA355 加速度计中断指示数据准备与处理器同步,可用于任何运动(斜坡)检测提醒、纵向或横向开关方向变化识别、位置敏感开关平面检测、冲击和自由落体检测低 g/高 g 值检测、无运动节电。中断参数可配置的设计完全支持该加速度计集成到用户的系统环境。除了晶圆级芯片封装所提供的超小尺寸和最低功耗外,BMA355 加速度计具有很宽的 Vdd 和 Vddio 供电电压范围。该传感器还包括一个 FIFO 缓冲器,每个加速度轴具有 32 个采样深度。集成的自检功能可改善整个系统的可靠性。

3. 美国 ADI 新推三轴 ±200g 数字 MEMS 加速度计

2014 年,ADI 公司推出的一款小而薄的低功耗三轴数字 MEMS 加速度计 ADXL375,具有高达 ±200g 的高分辨率测量范围。数字输出数据为 16 位二进制补码格式,可通过 SPI(3 线或 4 线)或者 I2C 数字接口访问。

ADXL375 具有同类产品中最高的带宽和最低功耗,能够在 ±200g 满量程范围内连续测量撞击或冲击的持续时间和幅度,而不出现饱和。在高达 1600Hz 的全带宽条件下,这款新型传感器功耗为 140μA 左右 (V_s = 2.5V,3200Hz 输出数据速率),待机功耗 0.1μA(V_s = 2.5V),功耗不到竞争传感器的 1/2,而采样速率却是其 2 倍以上。

ADXL375 集成存储器管理系统包含一个 32 位 FIFO(先进先出)存储器,该缓冲存储器支持多种工作模式,具有 20.5LSB/g,49mg/LSB 高分辨率,结合可选的冲击阈值监测功能和触发模式,FIFO 可实现自治的冲击检测并记录冲击事件发生时的加速度变化,使主处理器可以充分休眠。ADXL375 的低功耗模式支持基于运动的智能电源管理,从而以极低的功耗进行阈值感测和运动加速度测量,降低了系统功耗。

ADXL375 特别适合用于低功耗、电池供电的无线传感器系统,而这样的系统可用于冲击和振荡检测、运输、资产跟踪以及容易突然受到巨力影响的其他应用,例如,运动员保护监测设备、工业机械冲击和振动监测等。目前,ADXL375 与 ADI 超低功耗 ADXL362 配合,已经被用于最新一代 Blast Gauge 撞击检测系统。

4. 意法半导体公司 MEMS 陀螺仪采用薄膜解决方案提升器件可靠性

2014 年 6 月,意法半导体与赛斯吸气剂集团(SAES)签署了一项技术合作协议,以促进下一代 MEMS 陀螺仪的研发。该陀螺仪是最先进的使芯片级封装 MEMS 产品保持高真空的吸气剂薄膜解决方案,为提高产品的灵敏度和稳定性,意法半导体将在该公司的微机电系统芯片内集成这项先进技术。小尺寸、高灵敏度、低功耗的 MEMS 陀螺仪将为手机、便携设备、MP3/MP4 播放器、PDA、游戏和导航设备等消费电子应用领域开拓新的用途。

该产品由一个晶圆和一层吸气剂薄膜组成,这层薄膜的厚度只有几微米,有规律地放在特定的空穴上面,洞穴的形状和深度是按客户的要求定义。充当 MEMS 封装的盖状晶圆,最大限度地吸附所有的活性气体,像 H_2O、O_2、CO、CO_2、N_2 和 H_2,从而提高了器件的可靠性和寿命周期。气压分布均匀和加工时间大幅度缩减是在大尺寸晶圆内集成吸气剂薄膜技术的独特优势。

(三) MEMS 新产品相继问世,带动 MEMS 产业的发展

2014 年,MEMS 在各领域均有所突破,基于 MEMS 技术开发出的产品相继问世,包括可汇聚能源的微型风车,低功耗 MEMS 显示面板,以及 MEMS 追踪标签等,带动了 MEMS 相关产业的发展。

1. 美国德克萨斯大学开发出可作为 MEMS 系统能源的微型风车

2014 年 3 月,美国德克萨斯大学阿灵顿分校的研究人员开发出了一种微型风车。这种微型风车仅有 1.8mm 宽,利用具有柔韧性的镍合

金组件制造而成,体积较小,10个风车才约有一粒米那么大。这种风车主要用于汇聚能源,如果将100个这样的风车粘在手机外壳上,并将之放置于窗外,只需几分钟时间,这台手机就能得到所需的能量运作起来。该风车对于制造可作为外科手术工具、探索灾区感应设备或组装微型机器制造工具的小型机器人很有帮助。此外,摆放大量该微型风扇的面板可被放置到墙上,可为光、无线通信或环境感应等提供能量,在微机电领域具有广阔的应用前景。

2. 日本夏普与美国高通联合开发高性能低功耗 MEMS 显示面板

2014年4月,夏普与高通联合开发"MEMS"新型面板,参与开发的夏普子公司将负责生产。

新型面板的特点是色彩鲜艳,且耗电量明显低于液晶和 OLED(又称有机 EL)。夏普计划明年起率先在室外用平板终端上采用该面板。此外,还将向其他公司供货,用于寒冷地区使用的车载导航仪等,以取代抗寒能力较弱的液晶面板。它通过面板表面排列的大量微小"窗口"的高速开合来控制 LED 光量从而显示映像。品质控制和量产此前一直被视为难题。

3. 澳大利亚 Bluechiip 公司和意法半导体合作开发 MEMS 追踪标签

2014年8月,澳大利亚 Bluechiip 公司和意法半导体公司宣布,双方合作开发的 MEMS 追踪卷标已正式进入量产,年产能将超过100万颗。与射频识别不同,新的 MEMS 标签是一款拥有超高整合度的全机械式追踪芯片,具有耐高、低温,抗伽马辐射,防湿潮等特性。该 MEMS 标签采用 MEMS 谐振技术,除此之外没有使用任何其他电子组件。每颗芯片单独写入一个唯一标识符,从而具有数据防篡改功能。该标签已在澳大利亚、中国、意大利、美国得到广泛应用,主要应用在生物相关领域,例如解剖学、临床试验和生物数据库。Bluechiip 还在全球十几个国家和主要生物医学和保健中心建起一个全球销售网络,以有效地满足全球市场需求。

该标签可内建或整合在小药水瓶或一次性医疗用品内。除在极温下工作外,该标签还适用于高压灭菌、伽马辐射灭菌、加湿系统、离心分离器、冷冻储藏和结霜系统。此外,该技术还适用于其他几个重要市场,其中包括冷链物流、供应链、安全、国防、工业和制造、航空、航天。

工业篇

一、工业管理
二、国防预算
三、核心能力建设
四、企业重组并购与合作
五、市场预测
六、行业监管
七、国际合作

摘　要　2014 年,面对继续紧缩的预算环境,以及国防工业发展中存在的一些问题,世界各主要军事国家均采取多项措施对国防工业进行调整与改革,积极促进国防工业发展。军事电子工业作为国防工业的重要组成部分,也因军事电子装备与技术重要性的日益提升而备受各国重视。2014 年,欧盟发布了旨在促进电子工业发展的战略路线图及实施计划,明确发展目标和实现路径;美国和日本公布 2015 财年国防预算申请,给予军事电子工业发展所需的大量资金保障;世界多国军工企业积极开展基于军事电子业务的重组并购活动,提升军事电子能力;在需求拉动和技术推动等多因素的影响下,未来全球军事电子市场发展仍十分强劲。

关键词　军事电子工业;国防预算;国防工业能力;国防企业;国防市场;国际合作

2014 年,面对继续紧缩的预算环境,以及国防工业发展中存在的一些问题,世界各主要军事国家均采取多项措施对国防工业进行调整与改革,积极促进国防工业发展。军事电子工业作为国防工业的重要组成部分,也因军事电子装备与技术重要性的日益提升而备受各国重视。近年来,美国国防预算不断削减,如何在相对紧缩的预算环境下保持军事技术优势和维持国防工业基础越来越成为美国的关注重点。为此,2014 年美国更加关注对国防工业基础的评估,重视与国际伙伴进行联合技术攻关,继续精简国防企业业务,积极拓展国际市场,以期以更低的成本继续维持其军事技术优势和国防工业基础。俄罗斯在 2014 年一方面继续推动国防工业的调整与改革,如继续通过组建大型企业集团整合国防资源,依据俄罗斯国防工业发展现状对国防工业顶层管理机构进行适时调整等;另一方面,俄罗斯也因"乌克兰事件"而被迫实施一系列进口替代计划和发展新的伙伴关系。日本国防工业发展长期以来受到"武器出口三原则"的限制,但 2014 年日本"防卫装备转移三原则"和《防卫生产与技术基础战略》的出台与发布,对日本国防工业产生了较大影响,使日本得以借助国际市场与力量发展本国国防工业。

欧盟2014年继续推动国防工业一体化发展,在原本较好的基础上又连续出台了多项在欧盟范围内促进微/纳电子产业发展的政策,旨在扭转微/纳电子产业发展颓势,谋求继续维持在这一领域的技术优势。此外,印度为促进本国国防工业发展,2014年对其国防生产政策进行了改革,简化国防生产许可证,利于利用本国中小企业和国际国防力量发展印度国防工业;与此同时,印度也在积极拓展基于共同研发的国际合作关系,改变原有单纯基于"买卖"的合作关系。

一、工业管理

发布国防工业政策、调整国防工业管理机构及职能等均是世界主要军事国家指导并促进国防工业发展的重要管理手段。2014年,印度、日本、欧盟等国家和地区均出台了新的能够引导国防工业发展的国家顶层国防工业政策;俄罗斯则对国防工业顶层管理机构进行了调整,以更好地适应俄罗斯国防工业当前发展现状。

(一)俄罗斯调整国防工业管理机构,强化对国防工业发展的整体协调

2014年9月初,俄罗斯总统普京先后签署两项总统令,对俄国防工业相关管理机构进行重大调整。这两项总统令分别为9月8日签署的《关于武器、军事和特种技术与装备订货管理与控制的若干问题》,决定撤销俄罗斯国防订货局和国防供货局,以及9月10日签署的《关于确定俄罗斯联邦军事工业委员会成员》的总统令,将俄罗斯军事工业委员会改由俄罗斯总统普京直接领导。

1. 撤销联邦订货局和联邦供货局以提高采办效率

2014年9月8日,俄罗斯总统普京签署了《关于武器、军事和特种技术与装备订货管理与控制的若干问题》的命令,决定撤销俄罗斯国防订货局和国防供货局,简化国防采办流程。根据这一总统令,俄罗斯国

防订货局与供货局将于2015年1月1日起停止一切事务,其相应的职能将移交给国防部、联邦内务部、联邦安全局等部门。

俄罗斯国防订货局成立于2004年,原隶属于俄罗斯国防部,2012年5月改为联邦政府机构,负责对国防订货机构与人员的活动进行监督,以确保所有活动符合俄罗斯联邦法律要求,同时也负责保障国防订货所需的资金与设施,并确保最终产品能够符合合同要求。国防供货局成立于2008年,隶属于国防部。国防订货局与供货局是在俄国防部与国防工业界相互联系并不紧密的背景下成立的,而俄政府认为目前两者间的关系已趋于稳定,因此有必要精简机构,简化国防采办流程,提高国防采办效率。

2. 提升军事工业委员会的管理层级

2014年9月10日,俄罗斯总统普京签署《关于确定俄罗斯联邦军事工业委员会成员》的总统令,将联邦政府管辖的军事工业委员会调整为由总统直接管辖。

在俄罗斯国防工业管理体系中,军事工业委员会主要负责组织和监督国防工业领域国家政策的落实,并为保障国防与国家安全提供军事技术支持,同时也负责研究、制定和实施俄联邦军事技术保障领域的方案、纲要和计划,以确保国防与国家安全。

此次调整将赋予军事工业委员会新的地位和更加宽泛的职能,有利于有效协调俄罗斯国防部及其他部门与军工综合体间的关系,解决国防采购及国家进口替代计划实施过程中的问题。与此同时,调整为总统直辖的委员会之后,也有助于在实施新版国家武器装备发展计划中更好地发挥军事工业委员会的作用,促进国防与国家安全等领域各项政策的有效实施。

(二)欧盟发布微/纳电子工业发展战略路线图及实施计划,意在赶超美国

欧盟继2013年发布《欧洲微/纳电子元器件与系统工业战略》(简

称《工业战略》)后，又于2014年2月、6月分别推出了《欧洲微/纳电子元器件与系统工业战略路线图》(简称《路线图》)和《〈路线图〉实施计划》。作为《工业战略》的实施计划，新发布的这两份文件明确了2020年前欧盟微/纳电子工业发展目标和实现路径，以期集中地区优势资源，维持技术优势，并扭转工业发展颓势，谋求在微/纳电子领域赶超美国。

1. 明确2020年前欧盟微/纳电子工业发展目标

2020年前，欧盟将利用政府和私人100亿欧元的投资，至少吸引企业投入1000亿欧元，通过提高半导体产能、巩固半导体设备与材料优势、利用研究中心与中小型企业力量、投资关键技术等措施，实现欧洲半导体业产值由当前的270亿美元增长至720亿美元的目标，世界占比由当前的9%提升至18%。

2. 规划2020年前欧盟微/纳电子工业发展目标的实现路径

《路线图》和《〈路线图〉实施计划》提出，实现2020年前欧盟微/纳电子工业发展目标的路径主要有4个，分别为：

充分利用现有生产能力并投资新建生产设施，提高欧盟半导体业产能。2013年5月，欧盟投资7亿欧元，启动了氮化镓器件、450mm晶圆、新型微机电系统、硅功率器件、先进绝缘体上硅互补金属氧化物半导体等5条芯片试产线的建设。欧盟将以晶圆月产量每两年增加7万片，直至达到25万片的产能为发展目标，同时为晶圆生产能力从300mm向450mm的更新换代做好准备。为解决晶圆厂建设成本高的问题，《路线图》鼓励探索多种发展模式，如垂直整合制造商(IDM)、无晶圆厂、轻晶圆厂、IP提供商、代工厂等。

进一步巩固半导体加工设备与材料优势，研发300mm和450mm晶圆所需新一代设备与材料。欧洲半导体产业链上游的材料和设备领域产值的世界占比为20%，是欧洲的核心竞争力之一，2020年前欧盟仍将其列为继续重点发展的领域，投资重点如：硅基、绝缘体上硅、应变硅等先进材料，极紫外光刻技术等先进的设备与技术，Ⅲ-Ⅴ族材料(如氮化镓）、碳化硅等宽禁带材料及相关设备。

充分利用研究中心、中小型企业的力量。欧盟不仅拥有法国电子信息技术研究所、比利时微电子研究中心、德国弗劳恩霍夫研究院、芬兰国家技术研究中心、爱尔兰廷德尔国家研究院等多家世界级科研中心，还拥有大量在半导体材料及设备领域具有较强实力的中小型企业，如生产光刻设备的荷兰艾斯莫尔公司、生产绝缘体上硅和氮化镓晶圆等材料的法国索泰公司、开发移动互联网用微处理器知识产权的英国ARM公司等。为使研究中心和中小型企业在各自领域继续保持或达到世界顶尖的研发能力，欧盟将通过资金支持、政策倾斜、加强基本建设等措施，使其能够继续成为欧洲创新的引擎和源泉。

重点投资对欧盟半导体市场有较大影响力的12项关键技术。这些技术主要包括超低功耗技术和方法、绝缘体上硅的高性能低功耗数字化技术、光子集成、三维/多层硅、语言、编译、高度并行系统的纠错链、复用和遗留、新型非易失存储技术、有机材料、有机半导体氮化镓、可靠系统技术。

（三）日本首次出台防卫产业发展战略，明确武器装备的未来发展方向

2014年6月，日本防卫省发布《防卫生产与技术基础战略》（以下简称《战略》），用于替代1970年制定的《装备生产及研发基本方针》。《战略》评估了包括C^4I系统在内的9类重点装备的国防工业基础，并提出了各类武器装备的未来发展方向。

《战略》对陆上装备、军需品、舰船、飞机、弹药、制导武器、C^4I系统、无人系统、赛博/太空系统等9类重点装备的国防工业基础进行了评估，并提出了这些武器装备的未来发展方向。

在C^4I系统领域，《战略》指出，日本通信电子领域的需求十分旺盛，多家企业具备C^4I系统研发生产能力。目前，日本在双波段红外传感器、高功率半导体、雷达和传感器元器件等领域具备较高水平。未

来，日本将重点发展预警雷达和声纳探测能力，开发数据处理技术、雷达技术、综合指控系统，同时也将利用民用先进技术发展C^4I装备。在赛博领域，《战略》强调当前日本赛博空间面临着严峻挑战，日本要强化相关国防工业能力，以应对赛博攻击。

（四）印度精简国防产品生产许可清单，为促进国防产品的出口创造条件

2014年6月，印度工业政策与促进局（DIPP）宣布，已将60%的国防物项从强制生产许可清单中剔除，这意味着国内外制造商无需再经过繁琐的许可证审批流程就能在印度从事这类国防物项的生产。此举一方面将有助于吸引私营企业（尤其是中小企业）进入国防领域，提高印度国防市场竞争程度，从而改善印度国防产品质量和成本有效性，促进印度国防产品的出口。另一方面，也将利于国外厂商进入印度国防市场从事国防技术与产品的研发生产，进而扩大之前因严格的许可证制度而受到限制的国际合作。

早在1951年，印度就颁布了《工业开发与管理法案》，要求国防产品生产前要获得许可，并且制定了覆盖范围广的强制许可物项清单。此次调整将计算机、航空电子设备、软件系统、基础设施建设、作战管理系统、包括验证和设计在内的工程服务、民用航空航天铸件和锻件、监视套件、包括模拟器在内的培训服务、防弹夹克和车辆装甲、气象雷达及显示系统和部件等从强制许可清单中剔除。调整后的强制许可清单仅保留了四类国防物项，即坦克和装甲车，飞机、航天器及相关零部件，舰艇，以及武器弹药。DIPP表示，"除了强制许可清单所列出的特殊国防装备外，既有军事用途也有民用功能的两用物项将不再需要获得许可证。"

二、国防预算

信息技术的快速发展，使军事电子装备与技术的重要性日益凸显。

因此,近年来,尽管面临预算削减压力,美、欧、日等多个国家和地区还是基本维持了在军事电子领域的研发及采购预算规模。2014年,美、日等国公布的2015财年预算申请表明,对军事电子领域的预算倾斜趋势仍将继续。其中,美国在军事电子领域的研发及采购预算资金基本保持稳定,日本将重点投资保障C^4ISR能力发展。

(一) 美国军事电子研发及采购预算保持稳定

1. 在C^4I系统领域的研究、开发、测试、评估与采购预算有所增加

2014年3月,美国国防部公布了2015财年预算申请。根据这一预算申请报告,2015财年美国国防预算申请共计4956亿美元,与2014财年国防拨款(4960亿美元)相比变化不大,仅降低了4亿美元。

美国国防预算申请报告显示,国防部2015财年在研究、开发、测试、评估(RDT&E)与采购领域的预算申请共计1539亿美元,与2014财年研发与采购拨款(1552亿美元)相比降低了0.84%,下降额为13亿美元。其中,研发预算申请与2014财年拨款相比增长了7亿美元,而采购预算申请同比下降幅度较大,下降了20亿美元。

预算申请报告还分别列出了国防部在飞机及相关系统、C^4I系统、地面系统、导弹防御系统、弹药、舰船系统、太空系统等各装备领域的研究、开发、测试、评估与采购预算。其中,C^4I系统预算有所增长,由2014财年的62亿美元增长到2015财年的66亿美元,而其余各装备领域的预算申请均有所下降。

2. 在网络与信息技术领域的研发预算申请同比变化不大

2014年3月,美国国家科学技术委员会(NSTC)网络与信息技术研究与开发分委员会发布了新版《网络与信息技术研究与开发计划》(以下简称《计划》)。《计划》指出,2015财年美国在网络与信息技术领域的研发预算申请为38亿美元,与2014财年的39亿美元相比变化不大。

2015财年,美国在网络与信息技术领域主要聚焦于8个研究领域,

分别为赛博安全与信息保证、高可信软件与系统、高端计算基础设施与应用程序、高端计算研究与开发、人机交互与信息管理、大规模网络、软件设计与开发,以及信息技术人力资源开发。美国国防部、能源部、国家科学基金会、商务部、国家航空航天局等政府机构均参与其中。

从各研发领域看,美国2015财年网络与信息技术研发资金中约26%流向高端计算基础设施与应用程序,约20%的资金流向人机交互与信息管理,约19%的资金流向赛博安全与信息保证,其余35%的资金主要用于高端计算研究与开发领域和高可信软件与系统等,如图1所示。

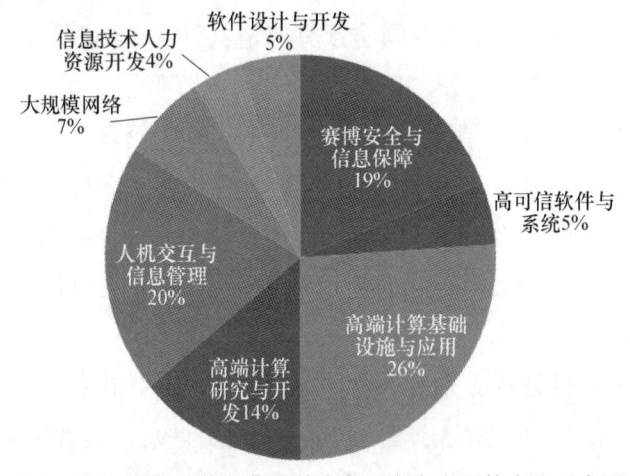

图1 2015财年网络与信息技术各研究方向预算占比示意图

从各政府机构看,国防部2015财年在网络与信息技术领域的研发预算申请共计10.98亿美元,约占网络与信息技术研发预算总额的29%。其他政府机构如国家科学基金会约占30%,能源部约占17%,国家航空航天局约占3%,如图2所示。其中,国防部在网络与信息技术领域的研发重点为赛博安全与信息保证、高端计算研究与开发,以及人机交互与信息管理,2015财年国防部在这三个领域的研发预算申请分别为4.55亿美元、2.40亿美元和2.02亿美元,与2014财年的预算额相比变化不大。

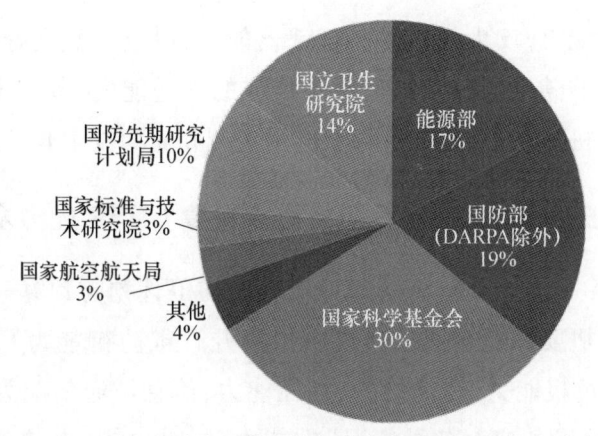

图 2　2015 财年各政府机构网络与信息技术研发预算申请占比

3. 将把信息技术与高性能计算作为重点领域给予优先资金保障

2014 年 7 月,美国白宫科技政策办公室发表了一份给联邦行政部门和机构负责人的备忘录——《2016 财年预算中的科技优先领域》。备忘录指出,联邦各部门和机构在制定 2016 财年预算时,要优先考虑需多机构共同参与研发的 8 项重点科技领域,如先进制造、清洁能源、对地观测、全球气候变化、信息技术和高性能计算、"生命科学、生物学和神经科学的创新"、国家和国土安全。

其中,在信息技术和高性能计算领域,备忘录要求联邦机构在 2016 财年预算中应优先保障三方面的科技研发投入:一是保障大数据研发投入,以应对大数据扩张而带来的各种机遇与挑战,从而促进进一步的科学发现与创新,同时也为个人信息提供适当的隐私保护;二是保障能够保护美国系统免受赛博攻击的相关技术研发投入;三是保障能够更高效利用频谱和赛博实物系统的相关技术投入。由于这些技术往往由多个机构共同参与研发,因此备忘录要求各联邦机构间要相互协同,同时也要与私营部门合作,共同推进信息技术和高性能计算领域的创新,从而为国家安全、科学发现提供支撑。

此外,在国家和国土安全领域,备忘录要求应保障有助于应对未来威胁的科技领域的研发投入,特别要优先考虑投资国家安全任务所需的高超声速能力、反大规模杀伤性武器能力,以及大数据处理能力等。为了提供能够满足当前及未来任务需求的先进能力,备忘录还要求国家安全相关机构要平衡基础研究、应用研究和先期技术开发投入。

(二)日本 2015 财年预算将重点保障 C^4ISR 能力发展

2014 年 10 月,日本防卫省发布《日本防卫计划与预算——2015 财年预算申请概要》,指出要"继续稳步提升日本防御能力",重点发展"ISR 能力、情报能力、运输能力、指控能力、信息与通信能力",强调要具备"有效威慑和应对各种情况"的能力,同时也能"有效参与促进国际和平的合作活动"。

2015 财年,日本国防预算首先将用于有效威慑和应对各种情况,包括确保日本周边的海洋与空域安全、应对弹道导弹袭击和外太空及赛博空间面临的各种威胁,以及增强情报能力等;其次是用于稳定亚太地区,改善全球安全环境,以及强化日美同盟关系;此外,还将用于实施人才教育和国防部改革等。

在有效威慑和应对各种情况方面,日本为确保其周边的海洋与空域安全,将采购多架固定翼巡逻机、巡逻直升机、预警机和无人机,建造装备"宙斯盾"的驱逐舰、新型多功能紧凑型驱逐舰和潜艇等,同时还将把大量国防预算用于延长现有装备的寿命,以及上述装备的功能改进。上述装备的功能改进主要通过更新电子信息装备与系统来实现。例如,2015 财年,日本申请 10 亿日元用于采购雷达、红外探测系统等,以提升固定翼巡逻机的侦察与识别能力;申请 137 亿日元用于升级机载预警与控制系统的能力;申请 59 亿日元用于研发紧凑型驱逐舰所用雷达系统。

为应对针对偏远岛屿的攻击,日本在 2015 财年将发展持续的监视能力,确保并维持空中及海上优势,加强快速部署与响应能力,同时强化指控基础设施及信息与通信能力。其中,为确保空中优势,日本将采购战斗机、救援直升机、地空导弹,以及申请 28 亿日元用于开发空中防御指挥与控制系统。为强化指控基础设施及信息与通信能力,日本申请 20 亿日元用于集成战场指挥通信系统,申请4000万日元用于研究数据链功能。

为应对太空威胁,日本将开展一系列太空项目,并且强调要促进与日本宇航研究开发机构(JAXA)的合作。其中,日本申请48亿日元用于在太空中演示双色红外传感器,申请2亿日元用于开发X波段通信卫星,3000万日元用于卫星通信系统的抗干扰。

为应对赛博空间威胁,日本2015财年与赛博相关的预算申请达103亿日元,主要用于构建实用的赛博演习环境、改善基础设施,以及强化与私人部门的合作。其中,在构建演习环境方面,2015财年申请7亿日元强化赛博演习环境的功能,申请1000万日元用于研发防止利用赛博空间建立模拟攻击的能力,申请一部分资金用于和国家信息与通信研究所联合构建赛博靶场。在改善基础设施方面,申请30亿日元用于维护安装于国防基础设施的网络监控设备。

三、核心能力建设

研发与制造能力均是国防工业核心能力,直接决定着国防技术、产品与装备的能力与水平。2014年,美、欧、俄、日等世界主要国家和地区在国防工业核心能力建设方面均有重要举措,如通过投资升级科研与生产设备,对军工企业实施现代化改造,积极研发先进制造技术、工艺与设备,以及广泛借助国防企业和大学力量等各种方式,提升核心工业能力。

(一)美国组建多家制造创新机构

2014年1月,美国总统奥巴马在发表《2014年国情咨文》时表示,"美国还将继续组建制造创新机构",丰富"国家制造创新网络"(NNMI),强化现有美国制造商的全球竞争力,促进国家经济发展。

"国家制造创新网络"是美国总统奥巴马于2012年3月宣布构建的,旨在加速前沿制造技术的开发与应用,帮助美国制造具备全球竞争力的新产品。"国家制造创新网络"公布之后的两年多来,美国通过组建制造创新机构的方式很好地助推了国家制造创新网络的发展。2014年年初至10月底,美国有多家于2013年宣布组建的制造创新机构开始运营,同时也宣布将继续组建多家新的制造创新机构。

2014年进入运营状态的制造创新机构包括能源部牵头的下一代功率电子制造创新机构,以及由国防部牵头的数字化制造与设计创新机构和轻型金属制造创新机构。下一代功率电子制造创新机构于2014年1月开始运行,总部设在北卡罗来纳州立大学,共有25个成员单位(18家公司和7家大学及研究机构),主要致力于研究高功率电子芯片,能源部向其提供7000万美元的资金。数字化制造与设计创新机构于2014年2月完成组建,总部设在芝加哥,由包括公司、大学、非营利机构和研究实验室构成的73家单位参与,主要致力于提升美国设计与测试新产品的数字化能力,降低制造工艺成本。轻型金属制造创新机构于2014年2月完成组建,进入运行状态。其总部位于底特律,有60家成员单位,主要致力于开发相关工艺,加快风力涡轮机、战车及其他产品用轻质合金材料的模块化生产,降低制造成本和能源成本。

2014年,美国宣布还将继续组建新的制造创新机构。以国防部为例,2014年6月,国防部发布了一份有关国家制造创新网络的信息征询书,希望在2015年牵头组建2家制造创新机构。未来一段时间,国防部将根据收到的反馈信息,从柔性混合电子器件、光子器件、工程纳米材料、纤维和纺织物、电子器件封装与可靠性、航空航天复合材料等6个技术领域中选取2个,作为新制造创新机构的重点技术领域。2014年10月,奥巴马宣布将组建由国防部牵头的集成电子制造机构(预计将于2015年开始运营),致力于研究光子学,为美国将集成光子系统应用到制造业提供技术支持。

(二) 美、日等国积极研制增材制造技术与设备

增材制造技术俗称3D打印技术,是近年来美、欧等国家和地区十分关注的先进制造技术之一。近两年,3D打印技术发展较为迅速,已

在部分国防领域得到了实际应用,能够有效降低成本,也能制造传统工艺难以实现的精确复杂结构。2014年,美、日等国家和地区继续围绕增材制造技术与设备开展了大量研究,加速推动其在武器装备制造与维护中的应用。

1. 美、澳等国家重点研发非常规尺寸的增材制造设备与技术

常规尺寸的增材制造设备的制造精度大约在毫米级,设备尺寸一般不超过25.4cm^3。这种增材制造设备既无法打印微观组织也无法打印大型结构。2014年,美国在原有基础上,一方面致力于研究大型增材制造设备,另一方面也在微观尺度增材制造技术方面获得突破。

在大型增材制造设备方面,2014年8月,美国空军授予航空发动机洛克达茵公司一份大型增材制造国防合同,研制比现有设备约大6倍的下一代增材制造系统,为火箭发动机零部件的增材制造创造更多的尺寸选择机会。此外,2014年9月,美国西亚基公司研制的大型3D金属打印机面世,可生产5.8m长的金属零件。

在微观尺度增材制造技术方面,2014年5月,美国哈佛大学采用微尺度增材制造技术,成功打印出由多种材料构成的组织;2014年9月,澳大利亚墨尔本理工大学发布世界首台纳米级3D快速打印机,其打印的微纳结构的尺寸仅相当于人类头发粗细。

2. 日本投资启动国家增材制造计划

目前,美国和欧洲地区的3D打印设备制造商主导着3D打印市场,美国和德国分别占3D打印市场份额的75%和15%,日本仅占0.3%。

日本政府为增加在3D市场领域的占有率,于2014年4月投资40亿日元(约3960万美元)启动国家增材制造计划,支持3D打印设备和精密3D成形技术研发,目标是在2020年制造出对3D打印市场有重大影响力的先进工业3D打印设备。具体而言,将投资32亿日元(约3168万美元)用于支持3D打印设备的研发;5.5亿日元(约544.5万美元)用于开发超精密3D打印技术,包括熔融沉积成形、选择性激光烧结,以及用于后处理和粉末回收的技术;2.5亿日元(约247.5万美元)用于开发新的3D打印测量和图像处理软件。

3. 美国国家航空航天局研发多材料增材制造工艺

目前的增材制造设备及技术一般仅支持一种材料的3D打印,然而,2014年9月,美国NASA喷气推进实验室与Caltech公司利用4年时间,共同实现了利用3D打印技术将多种金属制成一个零件的方法。虽然目前这一方法仅在实验室中得到验证,标准的制造方法还存在诸多无法解决的问题,但这一技术突破将有助于合金部件的3D打印。

(三) 俄、印、澳等国升级改造科研生产设施

1. 俄罗斯政府投资支持俄军工企业工业能力现代化

2014年4月,俄罗斯国防、电子和雷达领域国有控股集团"俄罗斯电子公司(Roselektronika)"宣布,将投资155.7亿卢布(约4.4亿美元),用于提升现代化工业能力,其中包括俄罗斯政府提供的42.5亿卢布(约1.2亿美元)。投资将用于为防空导弹系统和电子战系统研制真空微波电子元件,并对固态微波电子器件的生产设备进行升级。

2. 印度将进行军工厂设备现代化改造

2014年3月,印度军工厂委员会(OFB)公布了军工厂设备现代化投资计划。计划指出,在印度的第12个五年计划中,印度国防部共向军工厂委员会的现代化计划投入约1570亿卢比(约26亿美元)的资金。在该五年计划的前两年,军工厂委员会花费了约180亿卢比(约3亿美元),约占投资总额的11%,剩余约1390亿卢比(约23亿美元)的资金将在后三年使用。根据印度军工厂委员会制定的军工厂现代化计划,印度2014—2015财年将投资120亿卢比(约2亿美元)用于军工厂设备的现代化改造,以提高生产效率和改进产品质量。

3. 澳大利亚政府投资对澳国防科学与技术组织设施进行升级

2014年9月,澳大利亚政府投资4100万美元,对澳大利亚国防科学与技术组织(DSTO)设施及研究能力进行升级。澳大利亚助理国防部长斯图尔特·罗伯特表示,DSTO须现代化和扩展其能力,才能满足

国防领域的科技需求,同时应对开发新技术所面临的各种挑战。这一升级项目将使 DSTO 获得最先进的研究设施,支持国防和国家安全机构应对化学、生物和放射性威胁。当 2016 年该升级项目完成时,DSTO 科学家将拥有高安全性和专用设施来继续开展国防所需的前沿研究。

(四)美、澳借助国防企业与大学力量提升研发能力

1. 美国采取措施吸引企业和大学参与国防研究

2014 年 4 月,美国国防部宣布,计划在未来 5 年通过多学科大学研究计划(MURI)向学术机构提供 1.67 亿美元的资金,资助其在 24 个对国防部及各军种至关重要的领域开展跨学科基础研究,如新型功能材料、基于聚合物的光伏能量聚集机制、材料的原子和电子结构探索、光学计算、非传统推进流体力学等。

国防部多学科大学研究计划已有超过 25 年的历史,拥有多个影响极大的成功案例。例如,现已成为精密导航和定位领域变频控制黄金标准的激光频率梳,为纳米制造开辟新的可能的原子和分子自组装项目,以及在磁性材料及器件研究中发现的自旋电子学等均为大学在 MURI 计划的资助下取得的具有较大影响力的成果。MURI 计划是国防部单一学科基础研究工作的重要补充,在该项目资助下取得的多项研究成果,已给美国军队带来了显著的能力提升。

2014 年 6 月,美国新上任的国防部副部长推出"技术补偿"政策,鼓励国防企业在其认为能够在未来战场上带给美国军事优势的技术领域进行投资,旨在吸引国防企业进行更多研究开发投入,进一步借助国防企业提升整体研发能力。

2. 澳大利亚推出"国防科学伙伴计划"吸引大学研究力量

2014 年 7 月,澳大利亚推出了由澳大利亚国防科学与技术组织(DSTO)领导的"国防科学伙伴计划",旨在加强澳大利亚国防及国家安全机构与大学研究力量间的合作,促进国防科学研究的发展。该计划为大学参与国防研究项目提供统一的模式,以及一致的知识产权与

成本共担方面的规定。参与其中的大学一方面可以使用DSTO及其他来源的研究基金,另一方面也可以共享研究基础设施及其他资源。"国防科学伙伴计划"是DSTO"产业联盟计划"的重要补充,后者主要侧重与工业界研发活动的紧密合作。

四、企业重组并购与合作

2014年,美、欧等主要国家和地区的国防预算继续削减,各大国防承包商仍面临着十分严峻的挑战。为此,各大军工企业纷纷通过业务重组、并购新业务或开展国内外合作等方式,维持市场地位,提高运营效率和盈利能力。其中,并购新业务是传统军工企业进入新市场的一种重要手段。近年来,随着云计算、大数据、赛博、电子战等领域的快速发展,国外军工企业围绕这些领域开展了大量并购活动,以期迅速提升在这些领域的能力,扩大市场份额。

(一)雷神、L-3通信公司等多家军工企业积极调整内部业务优化效率

2014年,面对预算环境及客户需求的变化,美、欧多家大型军工企业都进行了内部业务重组,旨在提高运营效率,确保公司在防务市场的竞争力。重组后的军工企业更加关注军事电子等核心业务发展。

1. 美国雷神公司将组建新业务部门以提升电子战能力

2014年2月,美国雷神公司空间和机载系统业务部表示,将组建电子战系统任务部,主要致力于研制下一代干扰机、电子战自我防御系统、电子战通信系统、先进电子战项目、空中信息战及重要电子战驱逐装备。新部门将整合雷神公司电子战研制力量,显著提升雷神公司电子战解决方案提供能力,以满足客户需求。

2. 美国L-3通信公司重组其业务分部以更好地适应客户需求

2014年3月,为更好地适应客户需求,美国L-3通信公司宣布将

其内部业务重组为四个主要业务部门,分别为航空航天系统分部、电子系统分部、通信系统分部,以及国家安全解决方案分部。L-3通信公司表示,业务部门的重新调整将提高公司的生产力、灵活性和竞争力,同时也能节约成本,提升公司向客户交付创新型和具有成本效益的解决方案的能力。

3. 英国 BAE 系统公司精简其美国分公司业务部门以保持公司灵活性

2014年5月,英国BAE系统公司宣布将对其美国分部的组织架构进行调整,以保持灵活性并优化组织架构。此次调整将把BAE系统公司美国分部现有的四个业务部门调整为三个,即对原支持解决方案部进行拆分,并将相关业务划入现有的电子系统部、地面与装备部、情报与安全部三个业务部门。此次调整的目的是保持BAE系统公司的灵活性、有效性和效率,以确保公司在未来业务环境下的竞争能力、项目执行能力,以及交付能力等。新的组织架构已于2014年7月1日生效。

4. 德国莱茵金属公司对电子解决方案分部进行重组以扩大产品范围

2014年2月,德国莱茵金属公司宣布已将其电子解决方案分部重组为四个业务单元,即新组建的任务装备业务单元、重组后的防空与海战系统业务单元,以及现有的技术文档业务单元和仿真与训练单元。其中,任务装备业务单元主要负责研制车辆装备、步兵装备、光电传感器和公共安全用装备;仿真与训练单元将整合莱茵金属公司地面、海洋、空中训练能力;公司原来的防空部更名为防空和海军系统部,负责提供地面防空系统与服务,以及海军系统。莱茵金属公司表示,重组后的电子解决方案分部有助于系统地改善现有产品,同时也有助于扩大能够提供的产品范围。

(二)大数据、云计算、赛博安全和电子战等领域的并购活动十分活跃

2014年,美、欧多家军工企业在大数据、云计算、赛博安全和电子

战等领域的并购活动十分活跃。通过并购,传统军工企业可以迅速提升相应能力,巩固领导地位。

1. 美国 L-3 通信公司收购数据策略公司以提升大数据分析和云计算能力

2014年3月,美国 L-3 通信公司收购了数据策略公司。数据策略公司是美国国防部大数据分析和云计算解决方案领域的专业供应商,此次收购活动将直接赋予 L-3 通信公司在大数据分析方面的一些关键能力,增强 L-3 通信公司现有的国家安全解决方案业务,同时也帮助 L-3 通信公司扩大市场份额。

2. 美国洛·马公司、英国 BAE 系统公司通过收购活动扩大赛博业务

2014年3月,美国洛·马公司表示对工业防卫者(Industrial Defender)公司的收购事宜已经进入最终协议阶段。工业防卫者公司主要为石油、天然气和化工行业的工业控制系统提供赛博安全解决方案,其在关键基础设施赛博安全领域具备专长,因此,并购活动将使洛·马公司得以向商业赛博安全业务领域延伸。

2014年10月,英国 BAE 系统公司宣布以2.33亿美元的价格收购美国商用赛博安全供应商 SilverSky 公司。该公司是一家基于云计算的电子邮件和赛博安全产品供应商,BAE 系统公司希望通过此次收购,发展商用智能赛博安全业务,丰富产品类型,拓宽客户群,同时抵消在欧、美防务市场份额的缩减。

3. 意大利芬梅卡尼卡集团塞莱克斯 ES 公司收购战术技术公司以增强电子战能力

2014年10月,芬梅卡尼卡集团塞莱克斯 ES 公司完成对加拿大战术技术(TTI)公司的收购。TTI 公司是备受世界各地客户推崇的电子战分析软件和服务独立提供商,以其战术对抗仿真软件(TESS)系列产品而闻名于世。TTI 提供的这些能力将纳入芬梅卡尼卡集团塞莱克斯 ES 公司广泛存在的电子战产品组合中,进一步增强公司为国际客户提供电子战的能力,加速其电子战产品的开发,提升新产品应对新型威胁的有效性。

（三）军工企业通过开展跨国业务合作谋求更大的发展空间

2014年,世界多家军工企业积极扩展跨国业务合作,旨在各取所长,充分利用各自的优势,谋求共同发展。

1. 波音公司与意大利 Head Italia 公司合作提供赛博安全产品

为了向意大利政府和国防领域客户提供先进的赛博安全解决方案,以保护其关键数据和基础设施,波音公司将与意大利顶级军事供应商 Head Italia 公司合作。按照协议要求,波音公司将提供先进的网络和数据分析工具、赛博安全训练和仿真平台、赛博防御解决方案;Head Italia 公司将提供本地市场方面的专业知识、信息技术人员、意大利国防和政府部门关系网。与 Head Italia 公司的合作,将使波音公司能够为意大利市场的特定需求提供更合适的赛博安全产品,帮助公司在这一重要市场中进行更为高效的竞争。与波音公司合作,也将使 Head Italia 公司的客户受益于波音公司低成本的赛博安全解决方案,包括大数据分析与训练服务等。

2. 洛·马公司积极拓展与澳大利亚的合作

1）在澳成立亚太信息与通信技术工程中心

2014年9月,洛·马公司宣布与澳大利亚地方政府合作,投资800万美元在澳大利亚建立亚太信息与通信技术(ICT)工程中心。新的亚太 ICT 工程中心将由洛·马公司的信息系统和全球解决方案(IS&GS)业务部负责运营。该中心将配备相应的设施设备,以提供全方位的地区研发和项目交付服务。基于这些设施设备形成的能力将扩展当地在赛博安全、数据管理、应用程序开发和大规模 ICT 服务的现有能力。在澳的这项投资将不仅扩展洛·马公司澳大利亚赛博中心的技能,也将作为一个枢纽,使中小型企业产生活力并参与其中,然后进一步扩展洛·马公司的全球供应链。

2）与澳国防科学与技术组织签署技术研究合作协议

2014年3月,洛·马公司与澳大利亚国防科学与技术组织签署了一项战略协议,在国防与国家安全技术方面开展合作。在该协议框架下，两者将在"宙斯盾"作战系统、超视距雷达、高超声速和作战分析等方面开展联合研究。

3. 诺·格澳大利亚分公司与澳国防科学与技术组织巩固研究合作伙伴关系

2014年3月，诺·格公司也与澳大利亚国防科学与技术组织（DSTO）签署战略联盟协议，在诸如 C^4ISR、电子战和无人系统领域等一系列先进的国防技术领域开展合作研究。在这一战略联盟协议下，诺·格公司和DSTO将在两者共同感兴趣的项目上开展合作，DSTO将有机会获得诺·格公司专业的国防知识。

（四）俄罗斯继续通过防务企业重组并购活动整合国防工业

为振兴国防工业，早在21世纪初，俄政府就着手组建一体化的大型企业集团，目的是通过对军工企业的兼并、重组，整合国防资源，从而尽快提升俄罗斯国防工业整体实力。2014年，俄罗斯继续组建这种大型企业集团，如在"金刚石—安泰"康采恩基础上组建新的空天防御系统研制康采恩，建立新的"指挥、通信和侦察系统"康采恩等。

1. 俄将在"金刚石—安泰"康采恩基础上组建新的空天防御系统康采恩

2014年9月，俄罗斯"金刚石—安泰"总经理扬·诺维科夫表示，关于在"金刚石—安泰"康采恩基础上组建新的空天防御康采恩的决议已获得通过。早在2014年1月，俄副总理罗戈津就曾表示，为解决目前所有空天防御系统的各个组成部分都是由不同机构和厂家研制的现状，俄罗斯将组建一个"战略空天防御系统"康采恩，该康采恩将整合空天防御系统情报系统等的研制工作。例如：陆基情报系统的研制工作将由"无线电技术和信息系统"康采恩承担，航天系统部分由"慧星"公司承担，但涉及远程拦截的空天防御系统将首先由"金刚石—安泰"公司来承担。罗戈津同时还表示，所有这些都要制定一个统一的规划，要形成一个统一的综合体。

2. 俄将建立新的"指挥、通信和侦察系统"康采恩

2014年1月,俄罗斯主管国防工业的副总理罗戈津撰文称,俄罗斯将建立一个新的专门从事指挥自动化、通信和侦察系统研制的大型国防工业集团,普京总统已同意这一建议,并签发了总统令。罗戈津明确表示,"至此,我们将完成俄国内电子工业军工企业的结构重组工作"。

此次重组,主要涉及三方面的内容:一是将原国防部下属的联邦单一制企业"中央经济、信息技术和指挥系统科技研究所",改组为有限责任公司;二是将"中央经济、信息技术及指挥系统科技研究所""自动化设备康采恩""维加无线电工程康采恩""星座康采恩"和"指挥系统康采恩"组建为一个专门从事指挥自动化、通信和侦察系统研制的大型控股公司;三是将新组建的控股公司的股份全部转移给"俄罗斯技术"公司,同时,"中央经济、信息技术及指挥系统科技研究所""自动化设备康采恩""维加无线电工程康采恩""星座康采恩"和"指挥系统康采恩"都将不再作为独立法人入选俄战略企业目录。

组建专门从事指挥自动化、通信和侦察系统研制的大型企业集团,使俄罗斯可以集中智力和生产资源,开展通信设备和系统、加密设备、指挥自动化系统、无线电电子和探测雷达的研制、服务保障、现代化改装,以及维修和再利用等工作。

五、市场预测

2014年,全球多家权威市场预测公司对包括 C^4ISR 市场、电子战市场、军事通信市场、光电系统市场、半导体市场等在内的军事电子产品市场进行了预测。相关预测数据表明,未来10年,全球军事电子产品市场仍将延续增长趋势,但在部分领域的增长速度有所放缓。

(一)全球 C^4ISR 市场仍将保持增长,对综合方案和互操作能力的持续性需求将继续推动这一市场发展

2014年2月,美国市场研究公司 MarketsandMarkets 发布了

《2014—2019年C^{4}ISR市场预测报告》。报告指出,2019年全球C^{4}ISR市场将突破930亿美元,复合年均增长率将达到2.28%,对综合方案和互操作能力的持续需求将成为全球C^{4}ISR市场增长的主要拉动因素,但全球国防预算的削减也将使这一市场的发展受到一定的限制。报告指出,未来5年,C^{4}ISR市场发展有两个重要机遇,一是新兴市场国家对C^{4}ISR产品需求的不断增长,二是无人平台的发展也对C^{4}ISR系统产生大量需求。市场报告同时预测,2014—2019年,机载C^{4}ISR系统将成为C^{4}ISR市场的最快增长点,其市场份额将达到40%。此外,尽管美国和英国的国防预算呈下滑趋势,但美国和欧洲等国家和地区在C^{4}ISR市场中仍将占据主导地位。

(二) 全球电子战市场将持续增长,多因素导致各国积极投资电子战系统与技术研发

2014年9月,美国MarketsandMarkets公司发布了《2014—2020年全球电子战市场预测报告》。报告指出,在2014—2020年这一预测期内,全球电子战市场将一直保持增长趋势,复合年均增长率高达4.5%,到2020年市场规模将达到156亿美元。报告指出,作战空间的改变、电子频谱的使用、电子战与传统作战行动的结合,以及非对称战争、叛乱和全球恐怖主义活动的增加,均使各国积极投资电子战系统与技术,使全球电子战市场在未来一段时间内能够保持较高增长速度。

预测报告还从地区角度和电子战细分市场角度对预测期内的电子战市场进行了具体分析。从地区角度看,美国仍将是全球电子战系统支出最多的国家,亚太地区电子战系统市场增长速度较快,复合年均增长率将达3.29%,欧洲是全球第三大电子战市场。从各细分市场看,电子防护与支援系统将占据电子战系统市场总额的50.3%,其中,电子防护市场是电子战领域最大的细分市场,电子战支援系统在预测期内将获得持续投资。此外,在预测期内,电子攻击系统的投资将以1.38%的复合年均增长率增长。

（三）全球军用雷达市场将平稳增长，技术发展和军事需求将共同推动这一市场发展

2014年10月，美国MarketsandMarkets公司发布了《2014—2024年全球军用雷达市场预测报告》。报告指出，2014—2024年期间，全球军用雷达市场预计将以1.05%的复合年均增长率增长。报告指出，有源电子扫描阵列技术、射频技术等技术发展，无人平台、防空网的现代化改进，以及边境和沿海监视计划等对雷达系统的大量需求是推动军用雷达市场发展的主要因素。

预测报告从地区角度和雷达细分市场角度对预测期内的军用雷达市场进行了具体分析。从地区角度看，北美和亚太地区的军用雷达市场约占全球市场总额的72%，其中北美将主导全球军用雷达市场发展。从细分市场角度看，机载雷达预计将主宰军用雷达市场发展，其在军用雷达市场中的占比将达42.5%；舰载雷达也将以较快的速度增长，预计到2024年舰载雷达市场规模将达26亿美元；此外，报告预测，在未来一段时期内还将有更多国家进入太空雷达市场领域。

（四）全球光电系统市场增速放缓，现有系统的升级和持续采购将成为市场发展的主要驱动力

2014年10月，美国国际预测公司发布了《陆基和海上光电系统市场》报告。报告分析认为，"光电系统的经济可承受性和相对较高的生产率，使其在未来几年仍将继续发展。但其生产速度与近些年相比有所放缓，系统升级和持续采购将成为这一市场未来发展的主要驱动力。"

报告预计，到2023年全球在重点光电系统项目上的研发与生产投入将达到102亿美元。未来10年，全球领先的陆基与海上光电系统厂商将是BAE系统公司、DRS技术公司、埃克里斯公司、诺·格公司、雷神公司、泰勒斯公司，以及澳大利亚光电系统公司。特别地，在海上光

电系统领域,L-3通信公司和萨基姆防御公司将成为行业领导者,而且海上光电系统开发商将继续把重点从单纯的防御空中打击转向对小型海上威胁目标的侦察与锁定。

六、行业监管

行业监管是各国国防工业相关管理部门了解国防工业基础及能力现状,发现国防供应链薄弱环节的重要手段。行业监管的重要措施之一是评估与审查,评估与审查结果已成为各国国防工业管理部门制定国防工业政策、编制国防预算,以及进行国防工业能力调整的重要决策依据。2014年,美国和印度分别就其国防信息技术采办项目、国防创新能力等领域的问题进行了评估。

(一)美国政府问责署指出其国防信息技术采办仍存在"拖、降、涨"问题

2014年3月,美国政府问责署(GAO)审计指出,国防信息技术采办项目的成本超支、效果不佳和项目延期问题仍比较严重。

GAO对国防部15个主要的自动化信息系统(MAIS)项目进行了审查,其中有13项目的成本信息可得。GAO在审计报告中指出,在成本方面,这13个MAIS项目中,有11个项目的成本有所变化。其中,7个项目的总成本有所增长,增长范围从4%到22.33倍不等;4个项目的总成本有所降低,范围从4%到86%不等。在时间进度方面,这13个MAIS项目均有所变化,其中,12个项目的时间进度延期从数月到6年不等,仅有1个项目的时间进度有所提前。技术指标方面,有8个项目的性能指标未能达到预期目标。

GAO在审计报告中建议,要实施诸如成本追踪、进度偏差、构建综合风险日志等多项措施来避免国防信息技术采办中存在的"拖、降、涨"问题。

（二）印度对国防创新效果进行评估后认为国防创新效果整体不佳

2014年1月，印度国防研究与分析所发布了《印度的国防创新——断层线》报告，对印度国防创新机制进行了深度研究，并以印度国防创新主体——国防研究与发展组织（DRDO）和国防企业为重点，分析了印度的国防创新效果及面临的挑战。报告分析指出，受多因素影响，目前印度的国防创新效果仍不尽人意。

报告分析认为，印度国防创新效果总体不佳，武装部队所需武器装备仍大量依赖进口。其主要原因是顶层创新组织机构缺乏、研发投资力度不够、国防企业研发投资意识不强、人力资源基础薄弱，以及国防创新实体缺乏改革等。

其中，缺乏负责创新的顶层组织机构是印度国防创新系统最为薄弱之处。该报告认为，这一机构应主要负责制定印度的创新政策目标，为用户、研发与生产机构搭建公共平台，还要负责审查项目生存能力，并监督项目进展及实施问责等。这种机构的缺乏经常导致印度的决策缺乏系统性，造成一定程度的重复建设和资源浪费，最重要的是无法达到预期效果。此外，该报告还认为印度国防创新能力也受制于其薄弱的人力资源基础。报告指出，印度从事科学研究的人员数量较少，且水平偏低，这一点对于处在印度国防创新系统核心位置的印度研究与发展组织而言尤为明显，该组织仅有7700多名科学家。此外，国防研究与发展组织，以及国有国防企业等国防创新主体缺乏改革也是抑制印度国防创新效果的因素之一。

七、国际合作

近年来，面对高新武器装备及技术的日益复杂、研制成本的不断加大，以及相对紧缩的预算环境，各国共同研制先进武器装备与技术已经成为一种趋势。世界各主要军事国家均积极拓展国际合作关系,分摊高昂的研制成本,引进先进技术,扩展国际市场,同时也有助于提高盟国间武器装备的互操作性。2014年,美国、俄罗斯、日本、印度等国均从自身实际出发,频繁开展国际合作。

(一)美国积极推动国际合作以共担研发成本和扩展国际市场

近年来,为了在不断紧缩的预算环境下仍能保持军事技术优势和维持国防工业基础,美国强调要积极拓展国际合作关系。一方面,要与军事技术同样领先的国家进行联合军事技术研发,以更低的成本获得先进的军事技术;另一方面,也要与军事技术相对落后的国家进行合作,通过向其转让军事技术扩展国际市场,维持美国国防工业基础。2014年,美国在这两方面的国际合作均取得了一定进展。

1. 进行联合技术研发以降低成本

2014年2月,美、英签署了国防科研合作协议,旨在增加两国间国防科技合作项目数量。目前,在该合作协议下,两国已确定了赛博安全、太空、能源三个合作研究领域。2014年7月,美国国防研究与工程署发布《国防科技国际交往战略》,强调美国研究人员要全面掌握世界军事科技发展情况,以利用盟国的投资填补美国在军事技术上的不足,避免重复劳动,同时也能降低成本。该战略主要关注美国与澳大利亚、加拿大、新西兰和英国间开展合作。2014年9月,美英签署了关于加强太空态势感知信息共享的协议,向英国提供详细的太空态势感知信息,使太空飞行更加安全,同时也有助于增强国家安全。此前,美国已与加拿大、日本、澳大利亚、意大利、法国和韩国签署了类似协议。

2. 进行技术转移以扩大国际市场

2014年10月,美国国防部批准两项对印技术转让许可证,并首次设立了面向印度的科技战略合作专项资金,强调与印度间的合作关系将不再只是单纯的"买卖"关系,美国将利用此举扩展印度市场。

（二）俄罗斯积极拓展新的国际合作伙伴以应对西方制裁

2014年,以美国、欧盟等为代表的西方国家均因"乌克兰事件"而对俄罗斯实施制裁,收紧或禁止向俄出口武器装备和军民两用技术。为此,俄罗斯除了在国内实施诸如"自主生产直升机发动机""军用电子元器件国产化"等一系列进口替代计划外,还积极拓展新的国际合作伙伴关系,以应对西方制裁对俄罗斯国防工业的影响。例如,2014年4月,俄罗斯副总理罗戈津表示,鉴于当前乌克兰局势,俄将扩大与白俄罗斯的军事技术合作,以替代某些领域的乌克兰供应商。同月,俄罗斯总理梅德韦杰夫也对"西方制裁将损害俄罗斯军事工业综合体"的说法予以否认,并强调俄罗斯将在增加与传统合作伙伴(如印度和中国)合作的基础上,积极为与拉丁美洲的合作建立基础,并重建与非洲的关系,借此巩固俄罗斯在世界军贸市场的地位。此外,2014年8月,俄罗斯国防出口公司表示,俄罗斯年底将会同巴西和南非就联合研发武器和军事装备进行磋商。

（三）日本强化与美国及其盟国间的国防合作

近两年,日本对武器装备出口政策的放宽,使日本参与国际合作,以及大规模进军军贸市场的身份得以合法化,为日本与其他国家间开展国防合作创造了条件。2014年,日本出台了"防卫装备转移三原则"、《防卫生产与技术基础战略》等两项重要政策,均鼓励日本参与国际国防合作,并为日本参与国际合作铺平道路。在新的"防卫装备转移三原则"下,日本积极拓展与美国、法国、英国、澳大利亚等国家间的国防合作,推动日本国防建设。

1. 出台相关政策,鼓励日本参与国防合作

2014年4月,日本政府通过了"防卫装备转移三原则",同时废除"武器出口三原则"。"防卫装备转移三原则"鼓励日本企业积极参与到战斗机与导弹等国际先进武器项目的研发和生产中,也使日本更容易参与国际武器研发。同年6月,日本防卫省发布了《防卫生产与技术基础战略》(以下简称《战略》),要求日本与其他国家在武器装备研发与采购方面加强合作。《战略》指出,日本除与美国进行合作(如日本三菱重工等企业将参与美国F-35战斗机的开发工作)外,还将进一步加强与英国和法国间的合作,以及与澳大利亚、印度和东南亚等国家在海洋安全保障领域展开合作。

2. 日、法就联合研制武器装备达成两项协议

2014年5月,日本首相安倍晋三与法国总统奥朗德在法国举行了会谈,双方就启动面向武器的共同开发,以及扩大出口等与防卫装备联合研制有关的政府间协定的谈判达成共识。同年7月,日本防卫大臣与法国国防部长在日本东京签署谅解备忘录,旨在进一步推进两国之间的国防合作,尤其是促进两国之间联合开发武器装备。

3. 日、澳签署防务技术协议

2014年7月,日、澳签署防务技术协议,进一步加强两国间的战略合作伙伴关系。依据协议,日、澳将在国防科技和材料等领域进行深度双边合作,并探索两国共同关注的新兴领域,谋求合作研究以实现互利共赢。协议签署后,澳大利亚国防科学与技术组织和日本防卫省技术研究和开发研究院(TRDI)将在海洋流体动力学领域开展首次防务技术合作。

(四)印度积极拓展基于联合技术开发的国防工业合作

印度国防工业能力相对落后,国防工业合作将更多地引进一些先进技术,与其他国家的国际合作关系也更多地体现为一种"买卖"关系。但2014年,印度积极拓展与美国的防务合作,且强调与美国的合作关系将由单纯的"买卖"关系转变为联合开发高科技武器装备。在新的合作关系下,莫迪政府将不再像之前那样给予美国政府大宗武器订单,取而代之的是致力于推动在美国防务公司与印度国内防务公司间建立防务技术合作伙伴关系,进而推动印度国防工业发展。

2014 年度大事记

2013 年 11 月

● 15 日,英国 BAE 系统公司与法国 EADS 的子公司阿斯特里姆公司合作演示了 Ka 波段卫星通信支持无人机任务。

● 17 日,美国海军研究实验室联合美国 Exelis 公司,成功完成战术视距光学网络激光通信系统的系列评估,验证了运用激光技术,以无线方式高速传输音频、视频流的能力。

● 25 日,美国第二颗天基红外系统地球同步轨道卫星投入运行。与第一颗同步轨道卫星相比,该星的红外探测灵敏度更高,区域重访时间更短。

2013 年 12 月

● 6 日,"黄石"雷达成像侦察卫星在位于加利福尼亚州的范登堡空军基地成功发射升空。

● 10 日,比利时微电子研究中心研制出首个具有实用性的应变锗量子阱沟道 P 型金属氧化物半导体鳍式场效应晶体管,可在 300mm 硅晶圆上用鳍替代工艺实现。

● 10 日,俄罗斯空天防御部队正式启用 29B6 型"集装箱"超视距雷达系统,并将列装俄罗斯西部军区。

● 10 日,日本发布新版《防卫计划大纲》,倡导建立强大的情报、预警和监视网络。

● 12 日,日本 Solar Frontier 公司与美国 IBM 等公司联合开发出转换效率达 12.6% 的 CZTS 型太阳能电池。

- 17日，日本国家安全保障委员会和内阁会议通过了作为外交与安全政策首个综合指针的《国家安全保障战略》。
- 17日，日本发布《2014—2018年中期防卫力量整备计划》，强化空海作战能力。
- 27日，美国半导体研究联盟宣布实施"可信安全半导体与系统"计划，研究新的电子元器件架构、设计和制造方法，以应对篡改、伪冒和非预期功能植入等问题。
- 12月，美国空军选择罗克韦尔·柯林斯公司为其B-2轰炸机开发VLF通信系统，该系统主要包括接收机、天线和人机接口显示器等。
- 12月，美国国防部与雷神公司签署价值1.727亿美元合同，为美国导弹防御局制造第12部AN/TPY-2型反导雷达。

2014年1月

- 11日，日本海上自卫队决定对即将服役的最新型直升机航空母舰"出云"号进行系统改造，使其成为"前线司令部"，负责海陆空三军前线的统一指挥作战。
- 15日，美国能源部牵头的下一代功率电子制造创新机构开始运行，该机构总部设在北卡罗来纳州立大学，共有25个成员单位，主要致力于高功率电子芯片研究。
- 17日，俄罗斯主管国防工业的副总理罗戈津撰文称，俄罗斯将建立一个新的专门从事指挥自动化、通信和侦察系统研制的大型国防工业集团。
- 23日，美国NASA成功发射新一代跟踪与数据中继通信卫星。
- 23日，日本政府召开信息安全政策会议，决定将每年2月的第一个工作日定为"赛博安全日"。

2月

- 7日，德国莱茵金属公司宣布已将其电子解决方案分部重组为四个业务单元:任务装备业务单元、防空与海战系统业务单元、技术文档业务单元,以及仿真与训练单元。

● 10日,卡巴斯基实验室研究人员公布其发现了绰号为"面具"的先进持续性攻击活动,有31个国家的380个目标受到"面具"攻击。

● 11日,以色列航空工业公司在新加坡成立赛博研发中心,旨在研发赛博攻击早期预警技术。

● 11日,美国雷神公司空间和机载系统业务部表示,将组建电子战系统任务部,负责研制下一代干扰机、电子战自我防御系统、电子战通信系统、先进电子战项目、空中信息战及重要电子战驱逐装备。

● 12日,美国陆军发布《战场手册3-38:赛博电磁作战》,该手册是美国陆军第一部赛博电磁行动野战条令,为美国陆军实施网络电磁作战提供条令依据和方法指导。

● 12日,NIST发布了《改善关键基础设施赛博安全框架》(1.0版),旨在提高电力、石油、电信、运输、金融等国家关键基础设施的赛博安全。

● 13日,美国国防部与美国克雷公司签署2份总价超过4000万美元的超级计算机采办合同,用于购买3台"克雷"XC30超级计算机和2套"克雷"Sonexion存储系统。

● 17日,英国利兹大学开发出世界上功率最大的量子级联太赫兹激光器芯片,输出功率超过1W。

● 25日,美国国防部牵头的数字化制造与设计创新机构完成组建,主要致力于提升美国设计与测试新产品的数字化能力,降低制造工艺成本。

● 2月,欧洲电子领导人小组发布《欧洲微/纳电子元器件与系统工业战略路线图》。

● 2月,美国市场研究公司MarketsandMarkets发布的《2014—2019年C^4ISR市场预测报告》认为,未来五年全球C^4ISR市场仍将保持增长,对综合方案和互操作能力的持续性需求将继续推动这一市场发展。

3月

• 4日,美国国防部公布了2015财年预算申请报告,申请了共计4956亿美元的国防预算,增加C^4I系统领域的研究、开发、测试、评估与采购预算申请。

• 4日,韩国科尼国际公司宣布,已经开发出一种在任何频率下反射率低于10dB的雷达吸波材料。

• 12日,美国L-3通信公司宣布将其内部业务重组为四个主要业务部门,分别为航空航天系统分部、电子系统分部、通信系统分部,以及国家安全解决方案分部。

• 21日,印度军工厂委员会公布了军工厂设备现代化投资计划。

• 24日,俄罗斯GLONASS-M卫星从普列茨科航天发射场借助"联盟-2.16"运载火箭发射,目前GLONASS在轨卫星数量已达30颗。

• 25日,美国国家科学技术委员会网络与信息技术研究与开发子委员会发布了新版《网络与信息技术研究与开发计划》,提出2015财年美国网络与信息技术研发预算申请和重点研究方向。

• 26日,日本防卫省"赛博防卫队"正式开始组建,主要负责24h对防卫省自卫队的网络实施监控,并在发生赛博攻击时采取应对措施。

• 26日,美国国防部发布新版《电子战政策》指令。这是美军20年来首次更新电子战管理指令。新指令更新了美军发展电子战能力应遵循的政策,强调电子战与其他作战行动的联合,详细规范了美国国防部各部门的电子战职责。

• 28日,美国政府问责署完成了主要军用自动化信息系统项目的第二阶段评估,但评估结果并不理想。

• 3月,美国L-3通信公司收购了数据策略公司,以增强L-3通信公司在大数据分析方面的一些关键能力,以及现有的国家安全解决方案业务,同时也帮助扩大L-3通信公司的市场份额。

• 3月,美国洛·马公司表示对"工业防卫者"公司的收购事宜已经进入最终协议阶段，并购活动将使洛·马公司得以向商业赛博安全业务领域延伸。

• 3月，美国政府问责署审计指出，国防信息技术采办项目的成本超支、效果不佳和项目延期问题仍比较严重。

4月

• 4日，日本Solar Frontier公司与新能源产业技术综合开发机构联合开发出光电转换效率达20.9%的铜铟硒电池，刷新薄膜太阳能电池光电转换效率世界记录。

• 7日，美国参谋长联席会议发布公开版《联合介入作战概念》，详细阐述了在敌对环境和不确定环境下，联合部队如何利用先进的区域拒止能力，实施介入作战，实现部队在战区的灵活机动性。

• 14日，巴基斯坦公布首个赛博安全法案——《2014年国家赛博安全委员会法案》，旨在推进赛博安全政策、准则的起草与制定，强化政府、学术界、民间团体和赛博安全专家之间的交流与沟通。

• 15日，美国国防部宣布新的多学科大学研究计划，拟在未来五年向学术机构提供1.67亿美元的资金，资助其在24个对国防部及各军种至关重要的领域开展跨学科基础研究。

• 29日，美国海军研究办公室与雷神公司签署价值850万美元的合同，设计称为灵活分布式阵列雷达的世界最先进数字阵列雷达。它具有可重构性，能动态支持多种任务，将为雷达技术带来改变游戏规则的变革。

• 4月，日本投资40亿日元(约3960万美元)启动国家增材制造计划，支持3D打印设备和精密3D成形技术研发，目标是在2020年制造出对3D打印市场有重大影响力的先进工业3D打印设备。

5月

• 12日，美国DISA发布《国防信息系统局2014—2019年战略计划》,取代较早发布的2012年行动计划和2013版五年战略计划,从顶层规划了美军信息能力建设的未来走向,为其提升信息系统任务效能、提高网络安全防御能力,以及建设国防信息基础设施提供了有效途径。

● 19日,英国BAE系统公司宣布将对其美国分部的组织架构进行调整。此次调整将把BAE系统公司美国分部现有的四个业务部门调整为三个,即对原支持解决方案部进行拆分,并将相关业务划入现有的电子系统部、地面与装备部、情报与安全部三个业务部门。

● 23日,日本先进对地观测卫星-2合成孔径雷达卫星成功发射升空。该卫星的运用将增强日本海洋监视能力。

● 30日,北约赛博合作防御卓越中心签署协议,接受捷克共和国、法国和英国成为其正式成员。

● 5月,美国哈佛大学采用精度可达1μm的微尺度增材制造技术,成功打印出由多种材料构成的活性生物组织。

6月

● 2日,美国空军与洛·马公司签署9.14亿美元的合同,研制采用S波段地面有源相控阵雷达的"空间篱笆系统",以大幅度提高美军的空间目标监视能力。

● 5日,日立制作所宣布已成功开发出能自动解析被赛博攻击所滥用的恶意软件行迹的"恶意软件自动分析系统"。

● 19日,日本防卫省发布《防卫生产和技术基础战略》,对未来10年国防工业发展目标、政策举措等进行全面规划和部署。

● 20日,美国白宫科学技术政策办公室发布《材料基因组计划战略规划》(草案),意图通过产学研合作,推动材料科学、技术和工具的发展。

● 26日,印度工业政策与促进局宣布60%的国防项目将不再列入强制生产许可清单。

● 6月,美国NRL宣布成功创造出具有统一尺寸的量子点。

- 6月,欧洲电子领导人小组发布了《〈欧洲微/纳电子元器件与系统工业战略路线图〉实施计划》。

7月

- 10日,美国国家核军工管理局与克雷公司考虑签署一份合同协议,开发称作"三位一体"的下一代超级计算机,以推动"库存管理计划"任务。
- 16日,日本独立行政法人信息处理推进机构宣布,"赛博救援队"正式启动。
- 17日,雷神公司成功演示采用氮化镓器件的"爱国者"反导雷达样机。其探测距离更远、辨别目标时间更短、可靠性更高。

8月

- 7日,DARPA发布成像雷达先进扫描技术项目寻求建议书,目标是设计一种不需要依赖目标移动或平台移动来实现成像的高性价比的下一代成像雷达。
- 7日,IBM公司在DARPA支持下,研制出名为"真北"(Turenorth)的第二代类脑芯片。

9月

- 1日,美国西亚基公司研制的大型3D金属打印机面世,可生产5.8m长的金属零件。
- 3日,美国NASA喷气推进实验室与Caltech公司利用4年时间共同实现了利用3D打印技术将多种金属制成一个零件的方法。
- 8日,澳大利亚墨尔本理工大学发布世界首台纳米级3D快速打印机,其打印的微纳结构的尺寸仅相当于人类头发粗细。
- 8日,俄罗斯总统普京签署关于决定撤销俄罗斯国防订货局和国防供货局的总统令。

- 10日，俄罗斯总统普京签署关于将俄罗斯军事工业委员会改由俄罗斯总统普京直接领导的总统令。
- 10日，美国DARPA发布"网络安全空/时分析"项目的信息预征询书，寻求能够解决软件算法内在时空脆弱性的革命性技术。
- 17日，美国DARPA通过"光电异质集成"，成功在硅衬底上集成数十亿发光点的高效硅基激光源。
- 17日，俄罗斯"金刚石—安泰"总经理扬·诺维科夫表示，关于在"金刚石—安泰"康采恩基础上组建新的空天防御康采恩的决议已获得通过，"战略空天防御系统"康采恩将整合空天防御系统、情报系统和火力配系系统的企业。
- 18日，美国海军首架MQ-4C"海神"高空、长航时无人机完成横跨美国大陆的飞行，飞抵达马里兰州海军航空站，它将首次实现无人海上反潜巡逻。
- 23日，美英签署了关于加强太空态势感知信息共享的协议，英国可获得详细的太空态势感知信息。
- 9月，美国MarketsandMarkets公司发布了《2014—2020年全球电子战市场预测报告》。报告指出，未来5年全球电子战市场将持续增长，多因素导致各国积极投资电子战系统与技术。

10月

- 1日，美国海军成立信息优势部队司令部。
- 2日，美国DISA为军事云配置用于处理保密信息的IP路由器网络，使其云服务系统具备了处理保密信息能力。
- 3日，据俄罗斯明茨无线电技术研究所总设计师透露，俄罗斯新一代导弹预警卫星系统——"统一空间系统"的首颗预警卫星将于2015年发射，以增强导弹预警能力。
- 11日，美国总统奥巴马宣布将组建由国防部牵头的集成电子制造机构，致力于研究光子学，为美国将集成光子系统应用到制造业中提供技术支持。

• 21日,英国BAE系统公司宣布以2.33亿美元的价格收购美国商用赛博安全供应商SilverSky公司,以通过此次收购发展商用智能赛博安全业务,丰富产品类型,拓宽客户群,同时抵消在欧美防务市场份额的缩减。

• 21日,日本NTT公司、日立制作所、NEC公司举行年度第一次"实践性赛博防御演习"。

• 22日,意大利芬梅卡尼卡集团塞莱克斯ES公司完成对加拿大战术技术公司的收购,以增强电子战能力。

• 10月,日本防卫省发布《日本防卫计划与预算——2015财年预算申请概要》,指出要"继续稳步提升日本防御能力",重点发展"ISR能力、情报能力、运输能力、指控能力、信息与通信能力"。

• 10月,美国MarketsandMarkets公司发布了《2014—2024年全球军用雷达市场预测报告》。报告指出,未来10年全球军用雷达市场将平稳增长,技术发展和军事需求将共同推动这一市场发展。

• 10月,美国国际预测公司发布了《陆基和海上光电系统市场》报告。报告分析认为,未来全球光电系统市场增速放缓,现有系统的升级和补充采购将成为这一市场发展的主要驱动力。

11月

• 4日,诺·格公司在DARPA的支持下,开发出世界上工作频率最快的太赫兹固态放大器集成电路,工作频率高达1012GHz。

参 考 文 献

[1] http://www.militaryaerospace.com.

[2] http://www.defensesystems.com.

[3] http://www.marketwatch.com.

[4] http://www.vladtime.ruub-garantiy-po-kreditam-opk.html.

[5] http://itar-tass.com.

[6] http://www.gazeta.ru/business/news/2014/09/12/n_6473517.shtml.

[7] http://ria.ru.

[8] http://minpromtorg.gov.ru.

[9] http://www.rosrep.ru.

[10] http://ens.mil.ru.

[11] http://vpk-news.ru.

[12] http://top500.org.

[13] http://www.defensenews.com.

[14] http://www.onlinelibrary.wiley.com.

[15] http://www.sciencedaily.com.

[16] http://www.gizmag.com.

[17] http://www.militaryfactory.com.

[18] http://www.news.usni.org.

[19] http://www.asdnews.com.

[20] http://www.janes.com.

[21] http://cloud.watch.impress.co.jp.

[22] http://www.c4isrnet.com.

[23] http://www.reuters.com.

[24] http://www.sankeibiz.jp.

[25] http://www.nextgov.com.

[26] http://headlines.yahoo.co.jp.

[27] http://www.sciencedaily.com.

[28] http://www.semiconductor-today.com.

[29] http://www.ice.org.uk.

[30] http://www.electronicsweekly.com.

[31] http://www.powerelectronicsworld.net.

[32] http://www.compoundsemiconductor.net.

[33] Material Genome Initiative Strategic Plan. OSTP,2014.

[34] Quadrennial Defense Review. DOD,2014.

[35] A Framework for Improving Critical Infrastructure Cybersecurity (Version 1.0). NIST,2014.

[36] 国家安全保障戦略．国家安全保障会議及び閣議決定,2014.

[37] 平成26年度以降に係わる防衛計画の大綱について」．国家安全保障会議及び閣議決定,2014.

[38] 中期防衛力整備計画(平成26年度～平成30年度)について．国家安全保障会議及び閣議決定,2014.

[39] A European Industrial Strategic Roadmap for Micro – and Nano – Electronic Components and Systems. ELG,2014.

[40] www.defenseworld.net.

[41] www.ainonline.com.

[42] www.sinodefenceforum.com.

[43] www.hispanicbusiness.com.

[44] https://www.thalesgroup.com.

[45] www.prnewswire.com.

[46] http://www.nasaspaceflight.com.

[47] http://voiceofrussia.com.

[48] http://www.insidegnss.com.

[49] USDoD,Department of Defense Instruction: Defense Industrial Base Assessments,2014.

[50] UK MoD,Defense Reform Act 2014,2014.

[51] EU Electronic Leaders Group, A European Industrial Strategic Roadmap for Micro – and Nano – Electronic Components and Systems,2014.

[52] France – UK Summit: Declaration on Security and Defense,2014.

[53] US Office of The Under Secretary of Defense/ChiefFinacial Officer, United States Department of Defense Fiscal Year 2015 Budget Requst Overview,2014.

[54] US DoD Research and Engineering Enterprise, DoD Research and Engineering Strategic Guidance, 2014.

[55] US Army, Army Equipment Modernization Plan, 2014.

[56] US, Science and Technology Priorities for the FY 2016, 2014.

[57] US The Under Secretary of Defense For The Acquisition, Technology & Logistics/ International Cooperation and The Assistant Secretary of Defense For Research & Engineering, International S&T Engagement Strategy, 2014.

[58] US Defense For Research & Engineering, Future Technology Drivers and Creating Innovative Technology Cooperation, 2014.

[59] US Center for Strategic & International Studies, Quality of Competition for Defense Contracts under "Better Buying Power", 2014.

[60] US – Japan, The Interim Report on the Revision of the Guidelines for US – Japan Defense Cooperation, 2014.

[61] USDoD, FY 2014 Multidisciplinary University Research Initiative (MURI)—Selected Projects, 2014.

[62] US NITRD, The Networking and Information Technology Research and Development Program, 2014.

[63] US Quadrennial Defense Review 2014, 2014.

[64] Janpan MoD, Defense Programs and Budget of Janpan Overview of FY 2015 Budget Request, 2014.

[65] India, Institute for Defense Studies and Analyses, Defense Innovation in India: The Fault Lines, 2014.